AF546723

Füchse

Ein Portrait
von
Katrin Schumacher

NATURKUNDEN

NATURKUNDEN № 60

herausgegeben von Judith Schalansky
bei Matthes & Seitz Berlin

Inhalt

Rotsehen

Eine Linie im Schnee, eine Reihe kleiner Tiefen. Vom Waldrand herkommend verliert sie sich im Weiß. Wer je seine Spur an einem Wintertag gesehen hat, im stillen Glitzern, der weiß, woher dieses Wort stammt: Der Fuchs schnürt. Er hat eine eigene Art, sich zu bewegen, die kein anderes Lebewesen mit ihm teilt. Dabei treten die Hinterpfoten über Kreuz in die Abdrücke der Vorderpfoten, links in rechts, rechts in links. Ineinander in einer Geraden, und dieses quere Auftreten geht nicht auf Kosten der eleganten Achse, der Fuchs schwingt leise hin und her, wobei das beeindruckende Büschel an seinem Hinterteil, dieses scheinbare Zuviel an Körper zum Tariergerät wird. Der Fuchsschwanz ist keine Dekoration. Sondern schlicht Evolution. Die Lunte hält ihn auf Spur.

Die Spuren der Füchse, in denen sich links und rechts vermischt, sind immer da. Im Schnee, im Gras, besonders deutlich werden sie beim Blick aus einem grade abhebenden Flugzeug, die in die Felder gekritzelten Pattwege. Da geht etwas, da schreibt sich etwas in die Landschaft, das sich ansonsten versteckt hält – dieses scheue Tier entzieht sich dem Blick und exponiert sich gleichermaßen. Ich bin mir sicher: Es ist möglich, ein Leben lang keinen einzigen lebendigen Fuchs zu sehen. Aber es ist vermutlich unmöglich, dass einem ein Leben lang kein einziger Fuchsweg, Fuchsschwanz, keine einzige Fuchsdarstellung über den Weg läuft.

Ertappen lässt er sich eigentlich nicht, der scheue Fuchs im Schnee mit Hasenbeute. Eine Fantasie des Illustrators des Kompendiums Wild Life of the World, *London 1916.*

An den ersten Fuchs meines Lebens kann ich mich nicht erinnern. Vermutlich war er ausgestopft und stand im Wald- und Forstmuseum Heidelbeck. Oder in einer Ecke des Lindenkrugs in Hohenhausen, mit glasigen Augen und verstaubtem Fell neben zwei Zierzinnkrügen auf einem Brett über der Eckbank. War eins mit der Umgebung, die ich auf dem Weg zu den Kindergeburtstagen auf der Kegelbahn oder an der leimverklebten Hand meines Schustergroßvaters zur Tombola der Geflügelausstellung durchquerte, zweimal im Jahr. Der Fuchs war also weder sichtbar noch unsichtbar und unter meiner auf andere Sensationen trainierten Wahrnehmungsschwelle zuhause. Vielleicht hat er mich auch kurz aus dem Gebüsch angefunkelt, während ich ihm Abend für Abend die Tür zum Hühnerstall meiner Eltern vor der Nase verriegelt habe? Erkannt habe ich ihn nicht. Als Tochter eines Biologielehrers mit der Fauna und Flora auf unserem kleinen ostwestfälischen Dorfe bestens vertraut, zuvörderst von Schmetterlingen und Katzen begeistert, war der Fuchs mir das, was er allen auf dem Land ist: Teil des Systems.

Zu mir musste er zwei Umwege nehmen, über die Literatur und über den Schulsport. Der zweite Fuchs meines Lebens kam schwarz auf weiß und hier und da auch bunt aquarelliert auf mich zu, wie auf so viele Kinder der westdeutschen Siebzigerjahre: Aus den Kinderbüchern von Janosch, in denen es der rote Halunke immer auf Gans, Hase und Maus abgesehen hatte und schließlich selbst als Pelzkragen am Hals des gejagten Federviehs endete. Oder im Engtanz die rotbestrumpfte Maus umschlang, von der er am Ende der Bildergeschichte nur noch eine kleine zerknitterte Socke übrig ließ. Ein fieser Lump und

Hanswind, der mit der Lektüre von Goethes Fabel vom *Reineke Fuchs* nicht sympathischer wurde. Und dann war da auch noch der alte Smirre, der Nils Holgersson nebst seinen Freunden, den Graugänsen, mit bemerkenswertem Sang-froid an Leib und Leben wollte. Der Fuchs in meiner kleinen Kinderbibliothek: Er wurde getauft und markiert, hatte plötzlich Namen und einige ungute Eigenschaften, die mich sowohl verblüfften als auch abstießen.

Der dritte Fuchs meines Lebens war mir schon sympathischer, der war ich selbst. Ein Kind mit roten Haaren, etwas heller und kleiner als die Klassenkameraden, wendig bei Brennball und Völkerball, meist die Letzte, die abgezeckert wurde. Fix wie ein Füchslein, meinte unsere Sportlehrerin damals – und schrieb mir zwischen Kletterstange und Turnmatte das Tier endgültig in mein Wappen ein.

Seither versuche ich den Füchsen auf die schnurgerade Spur zu kommen, den echten wie denen aus dem Spiel, den imaginierten genau wie den lebendigen, um mich selbst immer wieder im Winterschnee wiederzufinden, der Linie im Weiß hinterher. Ich bin nicht die einzige Fuchsinfizierte, immer wieder treffe ich auf Menschen, denen es dieses Tier angetan hat. Ich finde sie im Kneipengespräch genau wie in der Kunst. Einem großen Vulpinisten begegne ich unverhofft bei der Lektüre seiner Tagebücher. Wie erstaunt bin ich, als ich in den Aufzeichnungen von Henry David Thoreau blättere und auf einen Eintrag stoße, den er am vorletzten Januartag 1841 gemacht hat: »Ich gehe in der Fährte des Fuchses, der einige Stunden vor mir dort getrabt ist oder den ich vielleicht aufgeschreckt habe, und bin in solch gespannter Erwartung, als wäre ich dem Geist

Füchse sind ausgezeichnete Schwimmer. Doch wenn der Baum so günstig liegt wie hier in dieser Buchillustration von 1916 …

dieser Wälder selbst auf der Spur und würde erwarten, ihn in seinem Lager zu überraschen.« Tatsächlich, Thoreau hat so recht, dem Fuchs lässt sich nur mit Erwartung begegnen. Er ist keine Gegebenheit, sondern ein Ereignis. Selbst in den einschlägigen Standardwerken zur Jägerei und den Lehrwerken zur Jagdprüfung lässt sich immer wieder lesen, wie dieses Tier zumeist zufällig vor die Büchse oder Flinte kommt, allgegenwärtig und doch kaum zu fassen.

Vielleicht ist es eben sein zweifelhafter Ruf, sein Changieren zwischen den Welten, zwischen sichtbar und unsichtbar, sein fortwährendes Sichentziehen, das uns Menschen so sehr reizt, dass wir ihn massiv in unsere Kultur hineinschreiben, -malen und -imaginieren müssen?

Geboren wird der Fuchs mit einer kleinen runden Schnauze. Seine typische lange Nase, hier in Bendix Passigs Fuchskopf mit gefletschten Zähnen *dargestellt, bildet er erst ab dem vierten Lebensmonat aus.*

Der Fuchs ist auf wunderliche Weise kultur- und alltagspräsent, in einer diskreten Überfülle, in blitzartiger Unsichtbarkeit. Er ist das tote nasse Pelzhäufchen am Autobahnrand, das Huschen auf dem nächtliche Nachhauseweg, er wärmt den Hals der Venus, schnürt durch die mittelalterliche Lieddichtung ebenso wie durch zeitgenössische Belletristik, mal fies, mal fatale, mal als übertragene Imago. Und immer im Widerspruch zu sich selbst. Vom Fuchs zu träumen hieß bei den Sinti und Roma, dass Gesundheit und Wohlstand kommen – so zumindest unterrichtet das *Lexikon des Aberglaubens*. Dort heißt es aber auch, dass bei den Römern ein Fuchstraum nichts Gutes bedeutete. Und bei den Siebenbürger Sachsen warnt die nächtliche Fuchsfantasie vor der Begegnung mit hinterlistigen Menschen. Fast scheint es, er sei das stete »Aber« im Glauben.

Dieses bemerkenswerte Tier hat es in seiner smarten Art weit gebracht. Es thront auf Kirchenkapitellen und Spazierstockknäufen, findet sich in ägyptische Pyramiden und in Lucas Cranachs *Paradies*. Als mythische Kreatur codiert und personalisiert, erscheinen die Füchse als wiedererkennbare Wesen mit deutlichen Zügen, mit Namen und Tun, und sind, ob nun als Reineke, japanische *Kitsune* oder Bausparfuchs, vom Menschen als Figuren in seine fabelhafte Welt gezeichnet.

Als der Mensch begann, sich zu malen, zeichnete er sich einen Fuchs an die Seite – die ältesten Fuchsdarstellungen finden sich in den Höhlen von Lascaux und Altamira und sind 15 000 Jahre alt. Und als er begann, sich Götter auszumalen, opferte er ihnen Füchse: In den Anlagen von Göbekli Tepe, jener südanatolischen Kultstätte, deren älteste Nutzung bis ins Epipaläolithikum zurückreicht, sind unzählige Fuchsknochen zu finden, nebst eingeritzter Umrisse der Tiere auf den Pfeileranlagen. Dem rotbärtigen Donnergott Thor stand ein Fuchs als Krafttier bei, das ihm zugeschriebene Polarlicht heißt auch Fuchsfeuer. Selbst der griechische Gott Dionysos hatte seinen Fuchs an der Seite. »Fangt uns die Füchse, die kleinen Füchse, welche die Weinberge verderben; denn unsere Weinberge haben Blüten bekommen.« So leitet das Hohelied Salomos an, wobei die kleinen Füchse stellvertretend für die erotischen Versuchungen eines Liebespaares von außen stehen. Foxy Lady.

Das Lebewesen mit der signalroten Scheu ist nicht nur massenhaft in unsere Kultur eingesickert, auch in der Natur haben die Füchse das größte Verbreitungsgebiet aller wildlebenden Raubtiere, schnüren durch Europa, Nordafrika und Nordamerika, dazu beinahe den ganzen asiatischen Raum, Australien und Neuseeland. Sie leben in Einöden genauso wie in Großstädten, gehören zu den eurytopen Lebewesen, die in jeglicher Umwelt hausen und bauen können, wenn nur der Grundwasserstand nicht zu hoch ist. Der Fuchs ist fortwährend überall.

Er ist viel, aber wie viel er ist, weiß niemand. Genaue Zahlen über die Fuchspopulation in unseren Landen lassen sich nirgendwo finden. Auch bei kleinen Territorien wie einem Waldstück oder einem städtischen Friedhof ist schwer zu bestimmen, wie viele Fuchsseelen sie beherbergen. Gezählt werden kann der Fuchs im Grunde erst, wenn er tot ist: Rund eine halbe Millionen Exemplare werden in Deutschland pro Jagdsaison, also von etwa Mitte Juni bis Ende Februar, umgebracht. 10 Prozent davon landen beim Kürschner oder Präparator, der große Rest auf dem Kompost, in der Mülltonne, wird vergraben oder als Köder bei der Jagdhundeausbildung genutzt. Dazu all die überfahrenen Füchse an den Straßenrändern; selbst der tote Fuchs ist omnipräsent. Und mittlerweile gilt die für ein Naturwesen paradoxe Formel: Je städtischer der Raum, desto mehr Exemplare. Auch wenn unsere Vorstellung ihn in der weiten Flur verortet – in der Stadt leben rund zehnmal mehr Füchse als auf einer vergleichbaren Fläche im Wald.

In meiner Stadt gibt es ein Kunstmuseum, und hinter dem Museum, im absoluten Zentrum der Stadt, leben die Füchse. Ich treffe sie nachts auf dem Kopfsteinpflaster, finde ihren Bau im Abraum des Grabens der musealen Festungsanlage, kartiere ihre Trampelpfade durch das dichte Brombeergrün. Hier ist der Fuchs nicht mehr Teil meines Landkindkosmos, sondern er zeigt mir die Stadt – und ich lasse mich bereitwillig führen. Beim Versuch, seine Spur wahrzunehmen, ihr zu folgen, verkehren sich die Territorien und Ordnungen. Auch Henry David Thoreau nutzte für sein Aufschreibesystem der Natur immer wieder Füchse, die ihm den Weg hindurch und dadurch auch in den Text zeigten. In seinen Tagebuchaufzeichnungen lässt er sie als einen Schlüssel für die Weltwahrnehmung auftreten. Am zweiten Tag des Jahres 1841 läuft Thoreau auf Schlittschuhen einem Fuchs hinterher. Später vor dem Ofen, die Finger und Zehen müssen langsam wieder warm werden, notiert er: »Heute sah ich einen Fuchs, der auf dem Schnee mit der Sorglosigkeit der Freiheit über den zugefrorenen Teich eilte. Als ich zeitweise seiner Spur im Sonnenschein folgte, während er auf dem Harschschnee den Kamm eines Hügels entlangtrabte, schien es, als hätte die Sonne noch nie so stolz und so hell auf den Hang herabgeschienen, und Wind und Wald waren in Zuneigung verstummt. Ich überließ ihm, der ihr wahrer Besitzer war, Sonne und Erde. Er ging nicht im Sonnenschein, sondern der Sonnenschein schien ihm zu folgen. Es herrschte sichtbar Einverständnis zwischen ihm und der Sonne.«

Welch ein Tier. Wo es auch auftaucht, verändert es die Spielregeln.

Putziges Familienidyll vor völlig vermülltem Bauvorplatz – so präsentiert Brehms Tierleben *die Füchse.*

Rund ums Jahr

Der Jahreszyklus des Fuchses beginnt mit der Entscheidung über Leben und Tod. Denn der eine wird sehr tot sein. Der andere sehr lebendig. Am Beginn des Jahres entscheidet es sich; grade zum Winterbeginn liegen enorm viele tote Füchse am Straßenrand oder werden vom Jäger erwischt. Die Erklärung ist sehr einfach: Wenn das Fuchsjahr beginnt, wenn im Januar und Februar die Fuchsfähen für zwei oder drei Tage empfängnisbereit sind, folgen ihnen die Fuchsrüden meist schon seit Dezember. Von Dezember bis in den März ist der männliche Fuchs zeugungsfähig, und angesichts dieses schmalen Zeitfensters für eine geglückte Familiengründung laufen die Jungs der Auserwählten wochenlang hinterher. Kilometerweit, kopflos, ohne auf Straßen und Autos zu achten. Auch deshalb liegen im beginnenden Winter so viele überfahrene Füchse am Straßenrand, eben deshalb ist die Winterzeit mit guten Chancen für den Jäger gepflastert – während die beiden, die es geschafft haben, sich zu einem quicklebendigen ruppigen Paarungsspiel treffen.

Die Rüden durchstreifen das Land, die Fähen bleiben meist bei ihren Bauen. Der Münchner Forscher Christof Janko unterscheidet Standfüchse, Ranzfüchse und Wanderfüchse. Standfüchse leben und bleiben in ihren Streifgebieten rund um den Bau, die meisten Fähen halten es so. Ranzfüchse sind männliche Füchse, die sich in der Paarungszeit auf die Wanderschaft zu benachbarten Bauen machen. Und Wanderfüchse, allesamt männlich, streifen meist schon seit August umher, wenn sie als Jungfüchse von der Mutter entlassen werden, sich selbst eine Bleibe finden müssen und vielleicht auch schon eine Fähe suchen können.

Spätestens ab Dezember, wenn die Vagabunden also alle unterwegs sind, mischt sich die Fuchspopulation, dann kämpfen Jungfüchse gegen alte Rüden, bellend und keckernd ziehen die Füchse über Land, und es ist nicht nur eine Partnersuche, sondern ein groß angelegter und flächendeckender Konkurrenzkampf im Gang. Gesteuert wird er hörbar durch die kläffenden, einem Pfauenschrei gleichenden Laute, doch der größte Teil der Kommunikation bleibt uns Menschen verborgen: Er passiert durch Duftstoffe. Urin und Sexualhormone in rauen Mengen sind in der Winterlandschaft verteilt, markieren Reviere und Fährten. Für den Fuchs kilometerweit wahrnehmbare Botschaften führen sternförmig auf den Bau zu, in dem die Fähe haust.

Am Ende entscheidet sie. Schaut sich die Rüden und ihre Kämpfe an und wählt den ihr genehmsten. Das muss nicht unbedingt der stärkste sein, es kann auch ein unterlegener werden, da ist der Fuchs so komplex wie der Mensch, den Konkurrenzschaukampf gibt es trotzdem. Denn während alle Rüden zur Ranzzeit bereit sind, eine Familie zu gründen, sind von den Fähen nur einige durch ihre Leitstellung zur Mutter ausersehen. Es gibt also die Füchsinnen, die Junge bekommen, und die Füchsinnen, die sich nur um die Jungen der anderen Fähen kümmern. Was bedeutet, dass einem Überschuss an männlichen paarungsbereiten Füchsen eine begrenzte Anzahl weibli-

Füchsische Form der Monogamie: Finden sich Fähe und Rüde, wird ihre Verbindung Jahr um Jahr erneuert. Ein sinnliches Bildmotiv für den französischen Tiermaler Jacques-Raymond Brascassat.

cher Gegenüber parat steht. Finden sich ein Rüde und eine Fähe, weicht er ihr einige Wochen lang nicht von der Seite. Zum einen muss er sein Weibchen permanent gegen die Konkurrenz verteidigen, zum anderen muss er die Veränderung ihres Hormonhaushaltes erriechen. Sind die zwei bis drei Tage der Empfängnisfähigkeit gekommen, paaren sich die Füchse, ähnlich wie Hunde, in einem komplizierten Ablauf. An dessen Ende müssen die Füchse noch bis zu einer Stunde lang aneinandergeklemmt auf das Abschwellen von Penis und Scham warten und hängen daher buchstäblich ineinander und aneinander, schutzlos.

Einem Fuchspaar bei der Hochzeit zuzusehen ist ein seltener Anblick. Die Tiere wissen um ihre Hilflosigkeit und tun's geschützt – im Bau, im Busch, wer weiß. Und wie bei allem, was sich dem Blick entzieht, kommt die Fantasie in Gang. In Raoul von Dombrowskis jagdzoologischem Buch über den Fuchs von 1883 ist beschrieben, wie eine ganze Schar von Rüden einer Fähe auf Liebespfaden durch die nächtliche Winterlandschaft folgt, wobei bei Tagesanbruch »die ganze Gesellschaft zu Bau« fährt: »Ob da nur einer der Bewerber an das Ziel seiner Wünsche gelangt und sich die übrigen als ungebetene Gäste mit der Zuschauerrolle begnügen müssen; ob sich erbitterte Kämpfe um der Minne Preis entspinnen; ob die Füchsin die Nächstenliebe etwa in der Weise interpretirt, dass dann – der Nächste an die Reihe kömmt: dies Alles entzieht sich der Oeffentlichkeit.«

Promiskes Szenario im Wald? Die Heimlichkeiten des füchsischen Liebesspiels werden auch dazu beigetragen haben, dass der Fuchs als Symbol der Erotik, Verführung und Fruchtbarkeit seit jeher durch Kulte und Religionen schnürt, dass seine Knochen und Körperteile (die Inkas in Südamerika trugen etwa Amulette aus seinen Fängen) in den alten Kulten als Aphrodisiaka getragen wurden, dass sein Penisknochen ein im Internet gehandeltes Souvenir ist und in den vergangenen Jahrzehnten immer wieder Fuchsschwänze an Bonanzarad, Opel-Antenne und Gucci-Handtasche baumelten. Er ist das Symboltier des maßlosen Dionysos und der Verführung per se. Auch für Theodor Fontane, den großen Zeichensetzer zwischen den Zeilen, war klar, dass die ungeheuerliche Ehebruchsepisode in seinem

Roman *Vor dem Sturm* von 1878 nur im Rahmen einer Fuchsjagd stattfinden konnte. Und wenn die Rapperin Antifuchs oder die Absoluten Beginner um Jan Delay sich als Füchse stilisieren, dann mit eindeutigem sexy Gestus.

Der Song *Füchse*, der quasi die Corporate Identity der Hamburger Band ausbuchstabiert, endet mit einer Diskussion über den Refrain:

Jede Nacht, jeden Tag auf der Jagd
denn das Rudel tollt,
wenn der Rubel rollt …

»Aber Füchse sind doch keine Rudeltiere«, moniert ein hineingeschnittener Anrufer am Schluss des Liedes. Na, kommt die Antwort des Rappers, Hauptsache, »der Rhyme ist fett«.

Dabei ist gar nicht klar, ob der Rhyme nicht doch auch ein bisschen korrekt ist. Der Wolf ist ein Rudeltier, der Hirsch, der Löwe, soweit herrscht Klarheit. Aber der Fuchs ist nicht kein Rudeltier. Es ist kompliziert. Bis in die 1970er Jahre galt in der Forschung zum Sozialsystem der Füchse: Er ist ein Einzelgänger. Und genau diese Hypothese hat der schottische Biologe David Macdonald, heute Professor für den Naturschutz von Wildtieren an der Universität Oxford, durch seine bahnbrechende Fuchsforschung erst vor gut dreißig Jahren widerlegt. Mit seiner Verhaltensstudie *Running with the Fox* von 1987, in der er seine jahrzehntelangen Beobachtungen zusammenfasst, hat er eine kleine Revolution losgetreten. Er erzählt davon, dass Füchse in ihrem Sozialverhalten hochgradige Wechseltiere sind. Sie können sich einzeln genau wie im Rudel organisieren, und die Verbandelung passt sich immer den Verhältnissen an – also

Gegebenheiten à la: wie viele Füchse, wie viel Platz, was gibt's zu essen. Füchse sind zwar keine genuinen Rudeltiere, trotzdem gibt es jährlich erneuerte Familienbande, die vielleicht ganz gut als matriarchaler Verband mit assoziiertem Rüden beschrieben werden können: Eine solche Gruppe besteht üblicherweise aus einem männlichen Fuchs und der Leitfähe sowie dem Wurf des jeweiligen Jahres, daneben können auch noch mehrere weibliche Verwandte der Fähe dazugehören – wobei diese vom Rüden in Sachen Reproduktion nicht beachtet werden. Sind Füchse also monogam? In gewisser Hinsicht schon, denn finden sich Rüde und Fähe und zeugen eine Familie, ist die Wahrscheinlichkeit groß, dass ihre Liaison (wenn beide das Jahr überleben) in die Wiederauflage geht. Der Rüde bleibt dabei nicht lang bei seinem Nachwuchs, er sorgt im Zweifel in den ersten Wochen noch für etwas Nahrung für die Kleinen, zieht dann aber weiter und kommt im Jahr darauf wieder. Ist die Fähe im Laufe des Jahres gestorben, kann in diesem Moment eine der Nachwuchsfähen oder eine andere weibliche Verwandte an ihre Stelle rücken.

Wenn die Jungfüchschen ab März auf die Welt kommen, wird es wuselig im Bau. Wie viele geboren werden, unterscheidet sich stark und hängt von verschiedenen Faktoren ab. Dabei fällt auf: Wird der Fuchs stark bejagt, wird er mehr. Gesteigerter Jagddruck erhöht also die Zahl der Füchse in einem Gebiet. Ein seltsames Phänomen – müsste es nicht andersherum sein? Doch der Fuchs regelt seine Population erstaunlicherweise selbst. Bemerkt zum Beispiel die Fähe eine gesteigerte Mortalität ihres Nachwuchses durch Jagd oder Giftköder, kann sie beim nächsten Wurf die Zahl der Jungen hochsetzen. Statt der

*Ein Hase in vollem Lauf ist zu schnell für den Fuchs – um ihn zu erbeuten, muss er sich anschleichen. Johann Baptist Hofners Vorstellung davon (*Fuchs und Hase*, 1866) hängt in der Hamburger Kunsthalle.*

üblichen drei oder vier wirft sie fünf oder sechs Jungfüchse, das sogenannte Geheck wird einfach größer. Theoretisch kann eine Fähe einen Wurf von bis zu 14 Jungen hervorbringen. Schaut man sich die Fortpflanzungsbiologie von Füchsen noch einmal genauer an, stellt man fest, dass die Bejagung ein ebenso großer Faktor ist wie das Nahrungsangebot. Die Wurfgröße steht zum Beispiel in vielen Gegenden mit der Wühlmausdichte in direktem Zusammenhang. David Macdonald hat genau aufgeschlüsselt, wie Nahrungsangebot, Territorialität und soziales Verhalten komplex interagieren, wenn es um die Anzahl der trächtigen Füchsinnen und die Wurfgrößen pro Jahr geht.

All diese Erkenntnisse zu erhalten, ist gar nicht so einfach. Als Macdonald in den frühen 1970er Jahren mit seiner Fuchsforschung begann, hatte er mit einem nicht gerechnet: Der Fuchs war nicht da. Er musste feststellen, dass er ein Tier beobachten wollte, das scheu ist bis zur Unsichtbarkeit, das dem Menschen als seinem einzigen ernsthaften Feind aus dem Weg geht und das die Nacht zum Tag macht. Geholfen haben ihm die grade aufgekommene telemetrische Ortungsmethode und seine Engelsgeduld.

Heute, mit Wildkameras und Nachtsichtgeräten, ist der Einblick in einen Fuchstagesablauf einigermaßen einfach zu bekommen. Vor einem halben Jahrhundert war es noch nicht so simpel, da mussten Fährten gelesen, Exkremente gesammelt und Baue beobachtet werden. Für Macdonald steht fest, dass der Fuchs sich eben durch das Nachstellen durch den Menschen zu solch einem schlauen, listigen und fast übernatürlich scheuen Tier entwickelt hat, wie wir ihn nun kennen. Vielleicht hat es ihn auch deshalb unter die Erde getrieben? Füchse sind Meister im Auffinden tauglicher Rückzugsstuben. Unter Schuppen und Gartenlauben, auf Müllhalden oder in Dachsburgen zieht er cin, Letztere müssen nicht einmal verlassen sein, der Fuchs versteht sich im Zweifel als Mitbewohner, und man verträgt sich.

Seine ersten Wochen im März und April verbringt ein Fuchswelpe komplett unter der Erde. Im Kessel des Baus kommt das Junge blind und taub zur Welt, hat dunkles Fell und eine runde Schnauze, und man könnte es fast für einen großen Maulwurf oder einen kleinen Otter halten. Nach acht bis zwölf Tagen öffnet es seine hellblauen Augen, die sich spätestens in einem Jahr in ein Bernsteingelb gefärbt haben werden. Füchse haben

Katzenaugen, schwarze senkrechte Pupillen, die sich bei Dunkelheit weiten. Und das ist nicht die einzige Katzenähnlichkeit: Der Fuchs kann als einziger Canide seine Krallen einziehen und hat ein sehr ähnliches Jagdverhalten, ein geducktes Anschleichen, eine bei Stress zuckende Schwanzspitze, einen hohen und gewandten Sprung auf die Beute. Dass sich das Hundewesen Fuchs und die Katze so ähnlich sind, hat seinen einfachen evolutionären Grund in der gleichen Beutespezialisierung, sprich: Mäusen. Genau wie Katzen haben Füchse hochsensible Pfoten. Der englische Biologe Charles Foster beschreibt den sinnlichen Eindruck beim Befühlen eines Fuchsballens so, »als hätte man Samt in Milch getränkt und ihn dann über Nacht im Ofen getrocknet, um eine zarte Kruste zu erhalten«.

Ist einem erwachsenen Fuchs kalt, kann er seinen Kopf unter seinen Schwanz kuscheln; schlafende Füchse sehen oft aus wie pelzige Brezeln, so verschlungen sind sie in das eigene Fell. Bei den Kleinen funktioniert die Thermoregulation erst nach drei Wochen, ihr Fell ist kurz und ihr Schwanz winzig, die typische weißorange Zeichnung, die lange Schnauze und die voluminöse Rute entwickeln sich erst nach und nach. Kein Wunder, dass die Welpen besonders empfindliche Kreaturen sind. Sie müssen vor Nässe geschützt werden. Die Fähe wärmt und säugt ihre Welpen in den ersten Wochen fast ununterbrochen, und wenn sie den Bau einmal verlässt, drängt sich der Nachwuchs Wärme suchend aneinander. Kommt die Füchsin nicht zurück von ihrem Ausflug, bedeutet das in den ersten Wochen für die Welpen den sicheren Tod.

Das Wissen um die unbedingt nötige Anwesenheit der Fähe wird seit jeher ausgenutzt, um die Fuchspopulation effizient in

Auch wenn es sich nett in ein Passepartout klemmen lässt – das Sinnenwesen Fuchs bleibt in seiner Komplexität unvorstellbar. Portrait aus John Burroughs Squirrels and Other Fur-Bearers *von 1909.*

Schach zu halten. Schießt ein Jäger einen weiblichen Fuchs im April oder Mai, ist ziemlich sicher, dass er auch den Nachwuchs indirekt getötet hat. Genau deshalb sind heutzutage Schonzeiten für Füchse festgelegt. Er ist zwar grundsätzlich ganzjährig freigegeben durch das Bundesjagdgesetz, es schlägt aber Paragraph 22, Absatz 4 zu Buche: der Elterntierschutz. Zwischen Anfang März und Mitte August dürfen keine Alttiere geschossen werden, es sei denn, die dazugehörigen Jungfüchse sind offensichtlich selbständig – jagen schon über die Felder und fangen Mäuse. Ab da darf jeder Jäger mit sich selbst ausdiskutieren, ob er das Tier töten möchte.

Im Frühjahr und Sommer kann es vor einem Fuchsbau aussehen wie in einem unaufgeräumten Kinderzimmer. Der Fuchs ist ein Messie. Ob ein Bau befahren ist, lässt sich im Sommer am strengen Geruch von Aas und an den dicken grünschillernden Schmeißfliegen feststellen, die einen Röhreneingang umschwirren und auf Reste der Mahlzeiten hinweisen. Wenn die Kleinen agil werden, ist die Umgebung zusätzlich übersät von Welpenspielzeug. Da liegen Kaninchenknochen und eine Igelhaut, tote Maulwürfe und Plastikmüll, und die wilden Raufereien würden auf jedem Kinderspielplatz zum Eingreifen der Erwachsenen führen. Die Jungfüchse beißen und bekrallen sich, sind ständig in Bewegung, springen, verharren kurz, wetzen davon. Der Schwanz der Mutter leidet am meisten, an ihm wird gezerrt und gebissen, und die Fähe kann ziemlich kiebig Retouren austeilen. Während ihre Kleinen immer röter und schneller werden, sieht sie selbst dünn und zerzaust aus, erst ihr Fellwechsel im Herbst wird sie wieder zu einer Schönheit machen.

Vier bis sechs Wochen lang werden die Jungen gesäugt, schließlich mit Vorverdautem gefüttert, bis sie sich an feste Nahrung gewöhnt haben. Und dann geht's ab Mitte Mai auch raus aus dem Bau zum Spiel und Überlebenstraining. Die Fähe trainiert ihre Welpen tatsächlich. Einmal konnte ich beobachten, wie eine Mutter immer wieder Knochen im Feld vergrub und ihre Jungfüchse nach einiger Zeit ausschwärmten, um sie zu suchen und auszugraben. Auf die gleiche Art und Weise lässt sie nach versteckter Nahrung suchen, wobei sie den Unternehmungsradius immer mehr erweitert. Das Training zur Nahrungsbeschaffung ist wichtig: Füchse sind ausgemachte Futterneider, essen nie vom selben Tellerchen und verstecken Erbeutetes vor den Mitfüchsen. Die Sinne der kleinen Füchse sind überaus fein, ihre Welt muss man sich hunderte Male lauter, duftender und informativer vorstellen als unsere. Allein ihre große Riechschleimhaut ist mit 450-mal mehr Zellen ausgestattet – ein Fuchs wittert genau, ob ein Tier krank ist, hört die Maus und den Regenwurm unter ihm im Erdboden, wittert den Jäger auf dem Hochsitz, fühlt mit seinen Vorderpfoten jede Unebenheit im Boden. Selbst bci Höchstgeschwindigkeiten von 50 Kilometer pro Stunde hat er einen sicheren Tritt. Auch Menschen haben empfindsame Hände, doch, wie Charles Foster es beschreibt: »[W]ir fassen die Welt mit dicken Handschuhen an und beschweren uns dann gelangweilt über ihre Formlosigkeit.«

Das Geheimnisvolle des Fuchses ist zu großen Teilen das Geheimnisvolle des Waldes, das wiederum in unserer begrenzten menschlichen Wahrnehmung seinen Grund hat. Wir sind Augentiere durch und durch, visuell erzogen, und natürlich rührt eine dieser seltsam lustigen Vorstellungen (ich hatte sie als Kind und habe sie noch), dass all die Waldtiere und sogar Pflanzen hinter unserem Rücken feixen und ein Musical aufführen, aus eben diesem Ungenügen – den Lärm des Waldes und auch seinen olfaktorischen Bombast nur in geringsten Dosen wahrnehmen zu können. Den riesigen Rest aber zu ahnen. Ein Philosoph der frühen Aufklärung, Gottfried Wilhelm Leibniz, hat diesen Zustand in seiner Monadologie schön beschrieben: Wir sind im Wald stets an der Peripherie der Empfindung, wir sind Opfer der kleinen Perzeptionen. Und nehmen so nur in minimalem Maße das wahr, was ein Waldtier im Moment erlebt. Ein Fuchs hört, wenn sich in anderthalb Kilometern Entfernung zwei Feldmäuse um einen Sonnenblumensamen zanken, und er riecht detailliert die zwei Winter, die in dem alten Laub stecken, das vielleicht so alt ist wie er selbst. Und das, während ich auf meinen Waldwegen stets in einem Status des Je ne sais quoi spaziere, in fröhlicher tumber Aufgeregtheit.

Das Sinnenwesen Fuchs ist nicht zu begreifen. Auch wenn wir Lebewesen – wie es die Lyrikerin Wisława Szymborska so schön ausgedrückt hat – alle vom »selben Stern in Reichweite« gehalten werden: Unsere menschliche Unzulänglichkeit, uns die Welt in Sinneseindrücken zu rekonstruieren, steht einem Fuchs-Verstehen und überhaupt einem Tier-Verstehen unüberbrückbar entgegen. In der Hierarchie der sinnlich von der Umwelt Wissenden rangiert der Mensch ziemlich weit unten, zum Teil auch selbst gewählt. Denn von unseren fünf Sinnen nutzen wir vor allem den visuellen, wir öffnen und trainieren also vor allem einen einzigen Kanal, durch den die Welt in uns einströmt. Der Fuchs hat alle Kanäle weit offen, muss sie ge-

Vor den Jägern an der Beute: Mit einem Fuchs muss man immer rechnen, wie diese Illustration des schottischen Naturmalers Archibald Thorburn zeigt.

öffnet haben, denn es geht bei ihm in jedem Moment um Leben und Tod. Drei Monate dauert es in etwa, bis ein Jungfuchs selbständig und überlebensfähig ist. Wenn er es über sein erstes Vierteljahr schafft. Die männlichen Nachkommen werden in jedem Fall im September weiterziehen, die weiblichen Tiere bleiben vielleicht.

Füchse sind Nahrungsgeneralisten. Sie sind die natürlichen Gewinner der jahrzehntelangen Nutzungsintensivierung der Landwirtschaft und der anderen anthropogenen Veränderungen in der Kulturlandschaft. Während immer weniger Bodenbrüter wie etwa das Rebhuhn die geglättete Agrarlandschaft verkraften, gehören sie zu den Prädatoren, die ihre Ernährung den Gegebenheiten anpassen können. Statt Kiebitzgelege steht dann halt mal Maus auf dem Speiseplan, statt Wildkaninchen ein paar Beeren und Regenwürmer. Im Zweifel steigt der Fuchs auf Beilagen um, sogar als Vegetarier hält er eine lange Zeit durch.

Etwa 600 Kilokalorien braucht ein erwachsener Fuchs täglich. Das sind zwanzig Mäuse. Oder anderthalb Kilo Blaubeeren. Fetzen eines tot aufgefundenen Lamms auf einer Weide. Oder eines noch sterbenden Rehkitzes. Die Verwertung von Aas und das Reißen kranker Kleintiere und Jungen hat ihm einen ambivalenten Ruf eingetragen: Zum einen wird er immer wieder verdächtigt, gesunde Lämmer zu reißen (was er nicht schaffen würde, er frisst nur die Nachgeburten, Totgeburten und schon sterbenden Tiere), zum anderen wird er als Polizei und Aufräumdienst des Waldes gepriesen.

Ein Fuchs würde ohne zu zögern einen Menschen verzehren, wenn er ihm hilflos oder tot auf das Buffet gelegt würde. Er selbst stand auch schon auf dem menschlichen Speiseplan, ist aber heutzutage weitgehend davon verschwunden. Die für den Fuchs erfreuliche Entscheidung der Ungenießbarkeit hat dabei in Deutschland die Behörde getroffen: Die Lebensmittel- und die Fleischhygieneverordnung verbietet den Verzehr aufgrund der möglichen Ansteckung mit Parasiten.

Wer weiß, was uns entgeht? Ich würde ihn nie probieren, aber eine Recherche bringt Ergebnisse. Laut dem englischen Tierpräparator Jonathan McGowan, der seit seinem 14. Lebensjahr immer wieder Füchse verspeist (er hat sich auf *Road Kills* spezialisiert, verunfallte Waldtiere), hat Fuchsfleisch einen schweineähnlichen Geschmack, »nur dass Fuchs viel besser schmeckt«. Es habe eine leicht salzige Note, als sei es in Jod oder Pottasche eingelegt worden, pures Muskelfleisch ohne Fett, in rohem Zustand von dunklem Purpur, gebraten wird es Pink. Zwei Füchse findet er im Schnitt pro Monat auf der Straße, sie werden bei ihm zu Bolognese, Curry oder Lasagne. Auch in einem aktuellen deutschen Jagdratgeber findet sich ein Rezept für »hartgesottene und experimentierfreudige« Leser, dort werden 3 Pfund Fuchsfleisch mit Apfelwein, Nelken, Orangenschalen und ein paar anderen Zutaten zu »Geschmortem Fuchs an Preiselbeeren«. Ein anderes Rezept empfiehlt, den Fuchs erstmal drei Tage in fließendes Wasser zu legen – tatsächlich ist sein Odeur so markant, dass allein dies schon jeder Vorstellung einer Fuchsspeise entgegenstehen sollte.

Als Teil der Hausapotheke stand der Fuchs im Mittelalter hingegen hoch im Kurs: Sein Fleisch, zu Pulver gebrannt und in Wein gerührt, sollte gegen Herzschmerzen helfen, sein Blut gegen Ohrenleiden. Und noch in Johann Georg Friedrich Ja-

Naturraritäten leben gefährlich, wie die Beschreibung zu diesem Kupferstich zeigt: »Diser Fuchs mit zwey Schwänzen ist den 14ten Februar 1734 in der Heyde bey Oranienburg 4 Meilen von Berlin geschossen und der Balg wegen seiner Seltenheit auf der Königl. Kunst und Naturalien Kammer auf behalten worden.«

cobis *Waaren- und Handlungs-Lexicon* von 1798 findet sich der Eintrag, dass man in den Apotheken getrocknete Fuchslungen erwerben könne, »ferner die berühme Fuchslungenlatwerge (Loch de pulmone vulpis), das Fuchsschmalz (Axungia vulpis), das Fuchsöl u. m. d. die wider Brustzustände, Nervenkrankheiten u. s. w. theils innerlich, theils äusserlich gebraucht werden«.

Über das Einverleiben sind wir lang hinaus. Das Beobachten und Verstehen fängt grade erst an. Das Fuchsjahr endet in unhörbarem, nächtlichem Trab. Das Rudel ist durch den Sommer getollt, die Einzelgänger machen sich nun im Herbst auf den Weg, um entweder einen Bau für den geplanten Nachwuchs oder eine Fähe und immer wieder Nahrung zu suchen. Suchen und dabei sich selbst verstecken. Wie alt kann ein Fuchs werden? Biologisch gesehen so alt wie ein kleiner Hund, 14 Jahre etwa. Doch die wenigsten frei lebenden Füchse kommen durch ihr erstes Jahr, nur 5 Prozent erleben ihren vierten Geburtstag. Einem natürlich zu Ende gelebten Fuchsleben kommt meistens ein Mensch in die Quere.

Reviere

Sehr gelb, eher orange, mit bräunlichem Abgang. Stechend zieht er sofort in die Stirn. Sogar im Vorbeifahren, im geschlossenen Auto und in voller Fahrt habe ich ihn schon wahrgenommen, wenn er tot am Rand der Fahrbahn lag. Wer den Fuchs einmal gerochen hat, bekommt ihn ein Leben lang nicht mehr aus der Nase. Wie der erste Atemzug aus einer frisch geöffneten Dose Nescafé, so wurde der Eindruck bisweilen beschrieben, als scharf und heiß bezeichnet der Dichter Ted Hughes den Fuchsgeruch, vergleichbar mit kaum etwas zuvor Gerochenem; und ich bleibe dabei: beschreibbar vielleicht nur als Farbe.

Der Fuchs ist atemberaubend aus vielen Drüsen am ganzen Körper. Die Hauptquelle seines Geruchs sitzt auf der Oberseite seines Schwanzes, kurz hinter dem Ansatz. Viole heißt dieses Organ, das ein stark nach Veilchen riechendes Sekret absondert. Andere Parfümierquellen sitzen am After, an den Lefzen, selbst an den Pfoten hat der Fuchs Drüsen, mit denen er seine Wege zeichnen kann. Ein winziges Tröpfchen aus der Afterdrüse oder ein Tropfen seines enorm intensiven Urins (der Fuchs kann damit gezielt markieren) reichen, um eine deutliche Geruchsaura herzustellen. Seine Ausdünstung ist eine seiner Sprachen, seine deutlichste wohl – mit ein paar Absonderungen platziert er ein Klingelschild vor seinem Bau, umzäunt sein Territorium, hinterlässt für seine Artgenossen Wegweiser und gibt zur Ranzzeit im Januar und Februar libidinös motivierte Annoncen auf.

Unheimlich füchsisch ist dieser Fuchsmensch von Charles le Brun, der im 17. Jahrhundert zoomorphe Verwandtschaften zwischen Tieren und Menschen auslotete.

Die amerikanische Firma Pete Rickard's füllt diese Fuchssprache in kleine Plastikfläschchen. 35 Milliliter einer braun gefärbten Flüssigkeit, seit 1934 – sagt die Werbung auf der bunten Verpackung – werden Jagdhunde mit Rickard's Dog Trainer auf die Duftspur des Fuchses gebracht. Das Etikett zeigt die stilisierten Kontrahenten Fuchs und Hund in schnellem Lauf, und unter dem schwarzen kannelierten Schraubdeckelchen steckt ein Attentat auf empfindliche Menschennasen. Nicht nur den Fuchs gibt es als Flaschengeist, auch Rotwild oder Hase ist zu haben, und mit ein wenig Mut lässt sich eine überraschende Entdeckung machen. Im Vergleich zur Ente (in etwa Odeur von rottendem Karpfen an ranziger Butter) oder zum Fasan (das Ganze noch mal drei Wochen abgehangen und mit toter

Maus versetzt) riecht der Fuchstrainer fast mild. Und er riecht, obwohl er quasi allertoteste Materie ist, in kaum anders zu bezeichnender Art und Weise: lebendig.

Tot – lebend, fort – da, an – aus: Eine unheimliche Energie durch alle Stadien des Befindens hindurch kennzeichnet den Fuchs. Und ebenjenes vitale Changieren ist es, das ihn durch seine Reviere, die imaginären genau wie die realen, die aktuellen wie die historischen treibt. Ob als Jäger oder Gejagter, schon in den antiken naturkundlichen Texten ist von verblüffender Gestaltwandlung zwischen Diesseits und Jenseits zu lesen: In der ältesten überlieferten Naturkunde, dem *Physiologus* aus dem 2. Jahrhundert, dessen früheste mittelhochdeutsche Übersetzungen aus der Mitte des 11. Jahrhunderts erhalten sind, wird der Fuchs als »unchustich, ein tier ubillistich« bezeichnet, ein arglistiges und boshaftes Tier, das sich tot stellt, um Vögel anzulocken und dann durch den Überraschungseffekt zu erbeuten.

Ein Tier, das den Atem anhält? Nicht nur das. Laut dem Mitte des 14. Jahrhunderts erschienenen *Buch der Natur* des fränkischen Geistlichen Konrad von Megenberg, der ersten annähernd systematischen Naturgeschichte in deutscher Sprache, weiß es sich auch selbst zu heilen, wenn es krank wird, »*wenne ez im umb daz leben gêt*«. Dann sucht er eine Fichte und frisst das den Stamm herunterfließende Harz »*und macht sich alsô gesunt*«. Nicht belegt ist die Geschichte, die mir einmal eine alte Dame erzählte, die am Waldrand wohnt und den Füchsen so nah ist wie kaum jemand sonst: Wenn der Fuchs zu sehr von Ungeziefer gepiesackt sei, so sagte sie, nähme er einen Ballen Moos in die Schnauze und gehe zum nächsten See, gleite rückwärts ins Wasser und warte ab, bis die Flöhe aufs Moos gehüpft seien, um dann den verseuchten Ballen schwimmen zu lassen und sich trocken zu schütteln.

Si non è vero, è molto ben trovato – wenn auch nicht wahr, so doch sehr gut erfunden. Die Geschichte des Blickes vom Menschen auf den schlauen Fuchs ist eine Geschichte von Jagd und Jägerlatein. In unzähligen Varianten ist die Fama überliefert, nach der ein erjagter Fuchs plötzlich wieder lebendig wird und aus dem Sack springt, aus dem Schuppen huscht, durch die Küche flieht (sich dabei gern noch ein paar Leckereien schnappt und der Wirtin kurz unter den Rock zischt), die Hunde narrt, den Waidmann brüskiert, sprich: sich durch eine Finte wieder aus dem Staub macht.

Wenn eine Katze sieben Leben hat, so hat der Fuchs diese in Potenz. Sein Überlebenswille stellt sich in der Literatur selbst noch drastischer dar: Gerät das Tier etwa in ein Fangeisen, beißt es sich den gefangenen Lauf selbst ab, flieht mithilfe der drei übrig gebliebenen. Rasend lebendig. Stimmt es oder nicht? In dem so legendären wie seriösen Jägerhandbuch *Diezels Niederjagd*, das bereits Generationen von Förstern und Jägern Kaminlektüre war, wird die Notwendigkeit erläutert, beim Fuchs mit dem »Zweitschuss nicht zu sparen« bzw. einen tödlichen Stockhieb auf die empfindliche Nase zu geben, soll er nicht letztlich doch entwischen. Ein lautloses Zusammensinken, ein letztes Zucken mit der Lunte sind laut Handbuch die eindeutigen Todeszeichen – doch so ganz sicher ist sich selbst der erfahrene Verfasser nicht. Bei keinem Tier, so schreibt er, habe er eine solche Lebenszähigkeit bemerkt, kein Tier erholt sich so gut von zunächst tödlich erscheinenden Verletzungen.

Wolf und Fuchs zusammen als Objekte der Begierde in Peter Paul Rubens' Wolfs- und Fuchsjagd *von ca. 1616.*

Die Erzählung von der Vitalität des Fuchses scheint sich über die Zeiten fortzusetzen. Sie ist der *Basso continuo* in der Literatur: Ein Fuchs muss sehr, sehr tot sein, damit er tot ist, wenn er nur ein bisschen tot ist, ist er im Zweifel lebendig.

Genau diese Relativierung der Grenze zwischen Leben und Tod, zwischen erbeutet und entwischt, sein unheimliches elegantes Tänzeln im Imaginären und seine ikonische Schläue machen den Fuchs für den Jäger zum Inbegriff des Jagderfolgs. Sein Balg ist selten von Wert, das Fleisch nicht genießbar, allerdings gilt er wie kaum ein anderes Waldtier als pure Herausforderung. Er ist Trophäe, denn der Fuchs stellt sich für seine Beute räumlich und zeitlich unkalkulierbar dar. Sein Verhalten im *home range*, in seinem Lebensradius, prägt absichtliche Variabilität. Und so ist er für den Jäger eine der vornehmsten Aufgaben, der seit Jahrhunderten in allen denkbaren Arten nachgegangen wird.

Im New Yorker Metropolitan Museum hängt die Abbildung einer allerdings sehr seltsamen Art und Weise. Es ist eines der berühmtesten Bilder von Peter Paul Rubens, 1616 entstanden, der Auftakt einer Menge großflächiger Jagdszenen, die der Antwerpener Meister in den folgenden Jahren gemalt hat. *Die Jagd auf den Wolf und den Fuchs* zeigt einen bunten Tumult, in dem zwei Wölfe und drei Füchse in eine Jagdgesellschaft zu Fuß und zu Pferde geraten. Hunde verbeißen sich, ein scharfzahniger Fuchs ist rechts im Bild zwischen die Hufe eines Apfelschimmels geraten, ein an der Halsblesse blutender Fuchs liegt mit geschlossenen Augen und deutlich erschlafft unter einem von Hunden angegriffenen Wolf, links macht sich ein dritter Fuchs im wahrsten Sinne vom Acker, während er angebellt wird. Die Füchse scheinen Beigaben zu einer Wolfsjagd, die großen Grauen stehen im Mittelpunkt, während die Reinekes in der Fluchtlinienkomposition des Bildes eine orange Bodenlinie bilden. Ein perfektes Bild, eine Kreisdynamik, die den Betrachter in den tödlichen Kampf zwischen Tieren und Menschen zieht. Aber etwas stimmt nicht. Es ist zu laut. Kein Fuchs würde sich in einem solchen Krach finden. Anders als das Damwild oder das Wildschwein lässt sich ein Fuchs nur schwer mit Radau in die Enge treiben. Und er ist – sobald er gejagt wird – ein hundertprozentiger Einzelgänger.

Um wie vieles kundiger stellt sich ein ebenso turbulentes Gemälde dar, das über acht Jahrzehnte früher entstanden ist, von

Detail aus Lucas Cranachs Hofjagd in Torgau zu Ehren Karls V. *von 1544: Der Fuchs ist im allgemeinen Getümmel nur eine Randfigur, vielleicht zu seinem Glück.*

Lucas Cranach dem Jüngeren stammt und heute im Prado in Madrid hängt. Die *Jagd zu Ehren Karls V. vor Schloss Torgau* von 1544 setzt ikonografisch die Jagd in Szene. In einzelnen Bildabteilungen, sorgsam durch Hecken und Baumreihen begrenzt, werden Hunde auf Hirsche gehetzt, Eber mit Lanzen durchbohrt, eine Gruppe von Damen legt die Armbrust an – und in einem kleinen Abteil springt ein einzelner Fuchs vor drei Hunden davon, den rettenden Waldrand gerade so erreichend.

Beide Bilder sind von schier krachender Energie. Wobei Rubens einen fantastischen Moment inszeniert, während Cranach die verschiedenen Weisen der Jagd referiert und sich damals an sicherlich informiertes Publikum wandte, dem aus Erfahrung klar war: Der Fuchs ist Zufall und für die Jagdgesellschaft oft mit Enttäuschung verbunden. Die Fuchsjagd ist immer der ambitionierte Versuch, ein Ereignis zu berechnen. Und gerade aus diesem Grund gibt es keine einschlägige Methode, um ihn zu jagen, sondern diverse Möglichkeiten: von Ansitzjagd über Lockjagd und Pirsch bis zur Fallenjagd und Baujagd.

Seit Jahrtausenden denkt der Mensch über den Fuchs nach und darüber, wie er seiner habhaft wird. Grade in Deutschland scheint der Eifer am größten, eine Zahl beweist es. Die Deutschen sind nämlich Fuchsjagdweltmeister: 466 186 erlegte Tiere listet der Deutsche Jagdverband offiziell für die Saison 2015/16, dreimal so viele wie in Großbritannien, zehnmal so viele wie in Österreich. Der Fuchs ist die mit Abstand am häufigsten bejagte Raubwildart in Deutschland, dabei gibt es ein deutliches Ost-West-Gefälle. Die höchste Trefferzahl pro Jagdfläche wird derzeit in Hessen erzielt; etwa 2,2 Füchse pro 100 Hektar. Nordrhein-Westfalen, Rheinland-Pfalz, Baden-Württemberg: Auch hier werden knapp zwei Füchse pro Saison und 100 Hektar Jagdfläche erlegt. Im Gegensatz dazu stirbt in Mecklenburg-Vorpommern, Brandenburg oder Sachsen im Schnitt ein Fuchs pro Saison auf einem ebenso großen Terrain. Der Grund für die Differenz ist ganz einfach: Im Westen, wo mehr Niederwild bejagt wird, dessen Kinderstuben der Fuchs mit Vorliebe plündert, wird der Jäger der Beute wiederum schneller zum Gejagten.

Die vielversprechendste Waffe gegen den Fuchs findet sich im Familienkreis. Denn sein am nahesten verwandtes Familienmitglied ist es, das seine Sprache am besten versteht. 42 Chromosomen unterscheiden den »echten« Hund vom »echten« Fuchs – Letzterer hat 36, ein Hund 78 –, und der Hund kann seinen Familienangehörigen aus der Gruppe der Canidae einfach gut riechen – und so auf die Spur kommen. Diese legen vor allem die Drüsen an den Fuchsfüßen, deren Absonderungen der Hund erschnüffelt. Je wärmer die Erde im Gegensatz zur Luft, desto besser, denn wenn das warme Erdreich in die kalte Luft atmet, kommt allerlei mit. Kurz gesagt: Bei Nebel lässt sich besser jagen als bei Raureif.

Schon die Assyrer, Babylonier und Ägypter haben Hunde für die Fuchsjagd benutzt, die Kelten und Römer ebenso. Auch Alexander der Große soll eine Jagdmeute besessen haben, die er zur Fuchsjagd einsetzte. In den schon erwähnten prähistorischen Fundstätten von Göbekli Tepe, der vor über 11500 Jahren angelegten Kultstätte, wimmelt es von Fuchsknochen. In der *Manessischen Liederhandschrift*, der berühmtesten Flaschenpost, die wir aus dem Mittelalter erhalten haben, wird der Minnesänger Herr Geltar als Jäger mit zwei Hunden stilisiert, von denen einer einem Hasen nachstellt und der andere sich grade in einen Fuchs verbeißt.

Neolithische Höhlenmalereien, altägyptische Grabfriese, mittelalterliche Miniaturen: Wie gejagt wurde, welche Tiere mithilfe welcher Waffe und welchem Beiwerk zur Strecke gebracht wurden, entzündete anscheinend schon immer das menschliche Dokumentationsbedürfnis. Ein neueres, aber nicht weniger formvollendetes Zeugnis menschlicher Fuchsjagdimagination findet sich auf YouTube. »Director John Huston champions the fox hunt« versammelt alle ikonischen Elemente britisch geprägten Jagdvergnügens zwischen kultureller Überzüchtung und archaischer Gewalt. Die Hunde bellen, das »Good morning! How do you do!« kommt samt Zigarillorauch aus dem Mund-

Der Hund verbeißt sich im Fuchsnacken: Die mittelalterliche Anmutung aus der Manessischen Liederhandschrift *lässt ihn dabei eher peinlich berührt als entsetzt aussehen.*

winkel. Und trotz des schwarz-weißen Films entsteht im Kopf sofort das Bild in Technicolor: Rote Fracks, weiße Hosen, die Foxhounds beigeweiß gefleckt. Als der Regisseur John Huston am Septembermorgen 1966 mit einer großen Gesellschaft in die irische Landschaft nahe Galway aufbricht, um seinem Lieblingssport nachzugehen, ist ein Kamerateam dabei. »It's a kind of Freedom. Acceleration. Exaltation.« Was der Master of Foxhounds John Huston am Ende des knapp fünfminütigen Clips im Close-up kundtut, ist genauso festgehalten wie der Kopf des Fuchses, blutig, zwischen den Fängen eines schwanzwedelnden Hundes. Der Fuchs ist tot.

17 Minuten dauert eine durchschnittliche Fuchsjagd hoch zu Ross mit Hundemeute, begleitet von den traditionellen Rufen. »Tally-ho«, sobald ein Reiter einen Fuchs sieht. »Who whoop«, wenn die Jagd mit dem Tod des Tieres beendet ist. Sie kann allerdings auch nach Stunden erfolglos enden, typisch Fuchs, er schafft es immer wieder.

Zweimal in der Woche, von September bis März, soll Huston seinem Sport nachgegangen sein – und etwa zweieinhalbmal pro Woche wird in England trotz Inkrafttreten des Hunting acts am 18. Februar 2005, also des Verbots der Jagd mithilfe einer Hundemeute von mehr als zwei Hunden, noch heute Jagd auf den Fuchs gemacht. Ein bis drei Füchse werden dabei durchschnittlich zur Strecke gebracht, und erfolgreicher ist die Jagd, wenn im Morgengrauen ein »Baustopfer« unterwegs gewesen ist, um die Fuchslöcher der Umgebung dichtzumachen. Die Füchse können dann nicht unter die Erde fliehen.

Die jährliche Jagdsaison kostet in England etwa 100 000 Füchse das Leben, und der Boxing Day, also der zweite Weihnachtsfeiertag, ist nicht nur der Tag des gefüllten Puters und der Premier-League-Spiele im Fernsehen – an ihm findet auch traditionell die Fuchsjagd statt. Über eine Viertelmillion Engländer verstreut sich per Pferd, Auto oder per pedes in die Countryside, um selbst zu jagen oder dem Geschick der Reiter zuzuschauen. Ihre Zahl scheint nach dem Hunting Ban noch zu steigen, das Jagdverbot wird routiniert ignoriert. Rund dreihundert Jagden finden in England an dem Tag statt. Dazwischen auf dem Felde stehen die Jagdsaboteure; Tierschützer organisieren sich und versuchen die Energien umzuleiten, indem sie dieselben Methoden anwenden wie die Jäger: Sie blasen das Jagdhorn, um Verwirrung zu stiften, lenken die Hunde mit Rufen um, Fuchsenthusiasten werfen sich gar zwischen Hunde und Beute. Handykameraclips von verbalen und handfesten Auseinandersetzungen zwischen Jägern und Tierschützern finden sich en masse im Internet, Foxhunting ist ein heftiges Politikum in England. Wohl weil die Gemengelage zwischen Tradition, Sport, Vergnügen und Mitleid mit dem Tier keine Zwischenposition zulässt. Man ist dafür oder dagegen, und auch hier wirkt der Fuchs wieder einmal als spaltendes Wesen: An ihm scheiden sich die Sportsgeister.

Par force. Mit Kraft. Die Parforcejagd mit Hundemeute, das große Brimborium in Gesellschaft, ist »ein in sich abgeschlossenes ritterliches Vergnügen«, wie es der Jagdschriftsteller Raoul von Dombrowski noch 1883 bezeichnet, das kaum zum Waidwerk zählt, sondern seit jeher zum Sport. John Hustons Zigarillo dampft selbst noch beim Geländeritt, mit der ersten Hürde muss er sich allerdings ans Zaumzeug klammern. Der Ritt über Stock und Stein verlangt Beherrschung.

Ein Auslaufmodell ist die Fuchsjagd mit scharfen Hunden. Im 17. Jahrhundert war sie noch in vollem Gange, wie dieses Gemälde von Paul de Vos (1604–79) dynamisch inszeniert.

Was dem Adel seit etwa dem Ende des 13. Jahrhunderts ein Vergnügen, war dem Landwirt jahrhundertelang ein Graus. »Wer bist du, daß, durch Saat und Forst / Das Hurra deiner Jagd mich treibt, / Entatmet, wie das Wild? – / Die Saat, so deine Jagd zertritt, / Was Roß, und Hund, und du verschlingst, / Das Brot, du Fürst, ist mein.« So dichtet Gottfried August Bürger 1775 und bringt seinen Ärger über die Verwüstungen, die eine berittene Gruppe mit Hunden auf wilder Verfolgung durch Acker und Wald nach sich zieht, anklagend vor. Man kann's verstehen. Dem sukzessive aufklarenden Geist des 18. Jahrhunderts ging durchaus ein gewisser Fuchswahnsinn voran. Denn die verfeinerte Jagdkultur hatte im Barock ihre Hochzeit, und die Benutzung des Fuchses (wie des ganzen Wildes, aber speziell der hübsche Fuchs hatte es den höfischen Gesellschaften angetan) nahm kolossale Ausmaße an.

Es muss von ohrenbetäubendem Lärm, von unfassbarer Farbigkeit, von fiebriger Energie gewesen sein. Der erste Märztag 1751 ist ein Montag im Winter und der Tag, an dem auf der umzäunten Stallbahn vor dem Dresdner Schloss 687 Füchse ihr Leben lassen sollen. Die Leinenbahnen in der Arena sind ausgelegt, es finden sich die Paare – Galan und Dame – an je einem Ende der sogenannten Prellen. Dann werden die Tiere losgelassen, müssen sich im engen Hof in ihrer Todesangst orientieren. »Lauffen dieselben nun über die Prellen«, so berichtet ein Augenzeuge, »so stehen die Herren schon parat, rücken beyde zugleich, dass sie zuweilen etliche Ellen hoch in die Luft fliegen. Sie kommen aber kaum herunter und wieder auf die Prelle, so werden solche schon wieder in der Luft geschicket, davon sie dann gantz taumelnd und herum kriechend werden. Etliche crepiren auch, oder man schlägt sie vollends todt.« Ein grausiges Gesellschaftsspiel, bei dem sich allerdings die Geschlechter näherkommen, denn es kommt auf Geschicklichkeit, Kraft und Harmonie im Straffziehen an. »Solchemnach ist dieses Fuchs-Prellen ein sonderliches Plaisir, besonders wenn sich zwey, so mit einander prellen, einander recht verstehen und zugleich rücken, so bringen sie den Fuchs sechs bis acht Ellen in die Höhe.«

Als »Lust-Jagen« wird das ebenso beliebte wie zweifelhafte Treiben deklariert, von Kulissen, Festmahl und Musik gerahmt.

Eine zweifelhafte Sportart, die auch zum erotischen Kennenlernen veranstaltet wurde, war das ›Fuchsprellen‹, hier festgehalten von Johann Friedrich von Flemming, 1719.

Und wir bemerken mindestens dreierlei: dass der Fuchsbestand in der Mitte des 18. Jahrhunderts bereits immens gewesen sein muss, dass dieses Tier der perfekte Kandidat war, um ein erotisch aufgeladenes Spiel zu zelebrieren. Und dass die Französische Revolution zur rechten Zeit kam.

Die Fuchsjagd heute ist seltener adlige Ausschweifung denn jagdliches Tagesgeschäft. Jäger- und Bauernsache. Der Fuchs gehört wie Otter, Wildtaube und Schnepfe, wie Hase, Dachs oder Murmeltier zum Niederwild, ein Wort, das nicht etwa aus der Kleinheit der Tiere, aus ihrer Blickhöhe (obwohl diese Assoziation naheläge) geboren wurde, sondern aus der historischen Einteilung in Wild, das dem »Hohen Adel« zur Jagd vorbehalten war, und in Wild, dem der »Niederen Adel« und der Bauer nachstellen durfte. Ähnlichen Vorstellungen von mehr und weniger edlem Getier folgend, warten antike Jagddarstellungen, etwa der Göttin Diana, eben deshalb mit Hirsch und Eber auf, während keinerlei Schnepfen oder Füchse die Vasen zieren oder Mosaike bestimmen. Der Fuchs war und ist ein Tier, das jenseits dcs Sportes vor allem aus recht unheroischen Gründen ins Fadenkreuz geriet: wegen des Seuchenschutzes, also um der Tollwut bzw. dem Fuchsbandwurm Einhalt zu gebieten, wegen der Pflege des anderen Wildes, das der Jäger jagen möchte (der Fuchs soll sterben, bevor er selbst tötet), wegen des Schutzes von Nutztieren am Hof (wie Hühnern, Gänsen, Kaninchen) und überhaupt um eines Gleichgewichtes willen zwischen Raubwild und Niederwild im Forst.

Dachshund und Brackierhund, Windhund und Foxhound – der Facettenreichtum der Jagd spiegelt sich selbst in den

Hunderassen, die traditionell zur Fuchsjagd ausgebildet werden. Denn der Fuchs kann getrieben, gehetzt und aufgespürt werden, selbst unter die Erde vermögen ihm einige Hunde zu folgen. Etwa der Dachshund, immer wieder als des Försters krummbeiniger Geselle beschrieben, der ein Nachkomme der ältesten nachweisbar germanischen Hunderasse ist und vermutlich bereits im dicht bewaldeten Gallien bei der Bau- und Erdjagd beteiligt war. (Wäre René Goscinny und Albert Uderzo noch mehr an historischer Korrektheit gelegen gewesen, hätten sie aus Idefix einen kleinen struppigen Teckel gemacht).

Den Fuchs mit dem Hund aus seinem Bau zu treiben, in der Jägersprache schlicht »das Fuchssprengen«, ist eine der beliebtesten Jagdarten auf das Tier. Und laut aktueller Deutscher Jagdzeitung auch recht anspruchsvoll für den kleingewachsenen Hund, der »wesensfest« sein muss: »Es muss soviel Härte vorhanden sein, dass der Fuchs nicht nur lauthals verbellt, sondern auch entsprechend beherzt attackiert und dadurch zum Springen veranlasst wird. Dementsprechend ist ein gesundes Mittelmaß zwischen Vorliegen und Verbellen genau das Richtige. Sind diese Voraussetzungen gegeben, dann braucht Reineke nur noch im Bau zu stecken, und mit wenigen, dafür aber guten Flintenschützen erlebt man eine spannende Jagd.« Dem folgt die Parole »Sauwetter ist Bauwetter«; das heißt, grade in den nasskalten Herbstmonaten und in den Ranzzeitwintermonaten Januar und Februar steckt der Fuchs mit seinem begehrten Winterfell unter der Erde.

Die Jagd im Untergrund hat ihre Tücken. Das musste zuletzt ›Henry‹ nahe Gut Heiderhof bei Königswinter feststellen, dem zuliebe Bäume gefällt und Bagger angerückt waren, um ihn

Nahe Verwandte und doch spinnefeind: der Hund und der Fuchs. 1885 von dem schwedischen Tiermaler Bruno Liljefors in Szene gesetzt.

mit dreißig Einsatzkräften der Feuerwehr aus einer misslich verklemmten Lage in einem Fuchsbau zu befreien. Des Dackelfrauchens Alptraum wurde dort wahr: Der Hund verschwand im Bau und ward nicht mehr gesehen. Notrufe von Hundebesitzern, deren Henrys oder Waldis sich in Fuchsbauten verirrt, verbissen, verklüftet haben, sind tägliches Feuerwehrgeschäft und beliebte Meldungen unter »Vermischtes« – der Jäger selbst rechnet derweil immer damit, eine sogenannte Einschlagung vornehmen zu müssen, die Mühsal des möglichen Spatenschwingens am Naturbau schwebt als Damoklesschwert über der Baujagd.

Denn der Fuchsbau ist nicht ohne.

Dokumentierte Fuchsburgen sind bis zu siebzig Jahre alt, manche Jäger sagen: Es geht noch älter. Stets sind sie mehretagig, meist nach dem sonnigen Süden hin ausgerichtet, mit selten weniger als vier oder fünf Ausgängen. Bis zu zwanzig Ausfahrten hat ein großer Malepartus, wobei es oft genug vorkommt, dass eine Röhre nach draußen zum Schein mit altem Laub versperrt ist, um dann im Gefahrenfall als Fluchtweg zu dienen. Als Baubewohner im Wald ist der Fuchs eher Mieter denn selbst Architekt, dem selbstgebauten Eigenheim zieht er bereits vorhandene Substanz vor, um sie dann nach Gusto zu renovieren. Wenn in Waldrandnähe Autowracks, Felsspalten, Zwischenräume unter Gartenhäuschen zu haben sind, bespielt er sie. Er baut aber auch gerne schon vorhandene Dachsburgen oder leerstehende Kaninchenhöhlen um – wobei es ihm sogar an guter Nachbarschaft gelegen ist: Nicht selten bewohnen Dachs und Fuchs eine gemeinsame Burg, und das in mehreren Generationen. Auch wird von WGs mit Iltis oder Wildkatze berichtet, und selbst mit Kaninchen oder Brandgänsen wird sich bei Bedarf ein Bau geteilt (wobei nicht ganz sicher ist, wie weit der Burgfrieden bei Letzteren reicht).

Ob ein Fuchs tatsächlich in seinen Gemächern steckt, weiß in dem Moment, in dem ein Baueingang entdeckt wird, höchstens der Hund. Fuchs kann immer kommen, aber Fuchs kann auch immer unterwegs sein. Er muss es sein, denn, um einen Titel von Herta Müller in den Wald zurückzuholen: Der Fuchs war immer schon der Jäger. Der Radius eines Tieres hängt von der Jahreszeit, von seinem Alter, seiner Umgebung, dem Angebot an Nahrungsquellen und seinem Geschlecht ab – und ein Streifgebiet kann somit ganz unterschiedlich unter 10 bis über 500 Hektar umfassen.

Die meisten Füchse sind sesshaft und durchstreifen nach dem Einzug in einen Bau ein definiertes Gebiet; nicht selten sind sie 4, 5, manchmal bis zu 12 Kilometer pro Nacht unterwegs. Aber auch hier wandern sie nicht unbedingt auf einmal angelegten Pfaden, sondern sorgen für Abwechslung, während sie die Gegend auf Nahrung hin abklappern. Bereits in Konrad von Megenbergs *Buch der Natur* ist nachzulesen, »*daz der fuhs selten rehte weg lauf, er lauf beseits und krumme weg*«.

Wer den Wald betritt, geht nicht nur in die Natur. Wer den Wald betritt, begibt sich in einen Sprachraum. In dem es kirrt, äst und ludert, in dem die Fähe ihre Lichter durch die Dickung wandern lässt und in dem im letzten Büchsenlicht des schwindenden Tages grade noch die Blume ihrer Lunte zu sehen ist, bevor sie samt Geheck in den Malepartus einfährt.

Der Wald ist (wie das Meer) ein Raum, der durch seine Intensität eine ganz eigene Sprache eingefordert hat. Bei der Sprache des Jägers (wie der des Seemanns) handelt es sich nicht nur um eine Fach- oder Berufssprache, die aus der Bewirtschaftung und Bejagung des Waldes entstanden ist. Sie ist anerkannte Sonder-

Dass Füchse aus reiner Mordlust einen ganzen Stall ins Jenseits beißen, ist eine vermenschlichende Mär. Dass sie in Ställe einfallen[,] ist leider Fakt. Berechtigte Sorge also hier bei Gustav Süs, Der Fuchs im Hühnerhof.

sprache, historisch gewachsene Distinktionssprache, hat aber neben der praktischen Dimension der exakten Verständigung ihre Wurzeln im Eingeständnis unserer grundsätzlichen Legasthenie bezüglich den natürlichen Sprachen der Natur. Da wir die akustische und olfaktorische Fülle des Waldes weder hören noch riechen können, sie aber seit Menschengedenken ahnen, finden sich Spuren davon in der Sprache, welche wir für ihn erfunden haben. Arabische Texte aus dem 8. Jahrhundert gelten als erste schriftliche Zeugnisse einer Jägersprache, wobei vornehmlich die Jagd mit Vögeln, die Falkenbeize, beschrieben wird – mit zum Teil erstaunlich genauen ornithologischen Beobachtungen. Die erste überlieferte Literatur zur Falkenjagd etwa, die zwischen 775 und 785 unter der Regentschaft des von Bagdad aus über ein riesiges Reich herrschenden Kalifen Al-Mahdi entstanden sein muss, gab den Anstoß zu einem ganzen Konvolut berühmter Jagdliteratur, die wiederum bis zu dem Hohenstauferkaiser Friedrich II. wirkte und in sein grundlegendes Vogelbuch *Da arte venande cum avibus* (»Über die Kunst des Jagens mit Vögeln«) einfloss. Das lateinische Mittelalter hat sich überhaupt gründlich um die Jagd gekümmert, im Zentrum stand dabei die Königsklasse, der Rothirsch. 1538 wurde dann in Tübingen die Jagdsprache zum ersten Mal Sachliteratur: in Form einer Liste von Jagdtermini, die als Anhang einem grammatischen »Handbüchlein« beigegeben war, zusammengestellt durch den württembergischen Hofgerichtssekretär Johann Helias Meichßner. Dieses Handbuch war für Verwaltungsangestellte bestimmt, die mit jagdlichen Angelegenheiten zu tun hatten. Etwa 170 Wörter umfasste das kleine Kanzlistennachschlagewerk zu dieser Zeit; heute sind es 13 000 Vokabeln, die – teils mehrdeutig – einen Jagdwortschatz von über 30 000 Bedeutungen umfassen. Unterschieden wird zwischen Wörtern, die in derselben Form in der Umgangssprache vorkommen (Hase ist und bleibt Hase), Fachtermini (wie »Beize« oder »Rauhwild«) und Wörtern, die soziale Distinktionsmarker sind, welche die Jägersprache von der Umgangssprache abheben. Letztere sind für die Fragezeichen in den Gesichtern von Nichtjägern zuständig, und das sehr gewollt: Die Bedeutungsverschiebungen, bei denen Augen zu Lichtern werden, Schnauzen zu Fängen, der Schwanz zur Lunte oder das Blut zu Schweiß, hob und hebt die elitäre Stellung der zur Jagd berechtigten Personen hervor. Wobei sich – was eine wirkliche Seltenheit ist – die Terminologie von »unten nach oben« entwickelt hat, wie die Jagdwissenschaftlerin Sigrid Schwenk aufzeigte: Die von den Berufsjägern ausgedachte Sprache wurde in den Wortschatz des Adels übernommen. Heute noch lernt jeder Jagdnovize die Kunstsprache zur Wald- und Wildbeschreibung, sie ist Teil jeder Jagdprüfung. Wobei der Verstoß gegen den korrekten Gebrauch vermutlich nicht mehr so geahndet wird, wie er im »Puech von allerlai Jägerei und Waidmannschafften« eines Salzburger Jägermeisters zu Beginn des 17. Jahrhunderts beschrieben ist: mit drei Schlägen mit dem Waidmesser auf den nackten Hintern.

Wie irritierend, fern, aber teils doch hochpräzise das Jagdidiom ist, mag ein kursorischer und dem Fuchs naher Exkurs verdeutlichen.

Balg das Fell heißt erst in verarbeitetem Zustand Pelz, vorher nennt man die Haut mit dem Fell daran Balg

befahren ein Bau ist nicht bewohnt, sondern befahren

Blume das meist weiße Ende des Fuchsschwanzes

Branten die Pfoten

Burgfrieden herrscht, wenn verschiedene Tiere (z. B. Fuchs und Dachs) in einem Bau zusammenleben

einfahren der Fuchs fährt ein in seinen Bau, der Eingang heißt dementsprechend Einfahrt (bzw. auch »Geschleif«)

Einstand Dickungen oder kleine Lichtungen, die der Fuchs als Ruhezone begreift

Fähe Füchsin, stammt vom althochdeutschen Wort *voha*, mittelhochdeutsch *vohe*

Geheck Wurf von neugeborenen Füchsen

Kessel Hauptraum des Fuchsbaus

Kirren Wild durch ausgelegtes Futter anlocken

Ludern Ködern von Raubtier mit totem Wild, gern an einem bestimmten Luderplatz

mausen der Fuchs fängt Mäuse

Mäuseburg Lockstelle für Füchse, eine Konstruktion meist aus Holz, Stroh, Steinen und Abfällen, in der sich Mäuse bevorzugt aufhalten und vermehren

mäuseln den Fuchs mit einem fingierten Mäusepiepsen locken

Pass ein vom Fuchs durch stetes Passieren ausgeprägter Weg

Quäke Lockpfeife, die Hasenlaute imitiert

Ranz Zeit, in der die Füchse auf der Partnersuche und sexuell aktiv sind (von Ende Dezember bis Januar/Februar)

schweißen bluten

sprengen den Fuchs mittels eines Hundes aus seinem Bau treiben

Wie sehr der Wald in seiner eigenen Sprache spricht, wird mir klar, als ich nach Monaten des Studiums des Jägerkosmos

In vielen deutschen Bundesländern mittlerweile verboten – zu Gustave Courbets Zeiten noch weitverbreitet, die Fangeisen. Als dramatisches Sujet 1860 in Öl gemalt.

schließlich einen Hochsitz erklimme, um mir das Treiben der Füchse mit eigenen Augen anzusehen. Eingeladen hat mich Anna, die als Jägerin oft hier sitzt und die intensive Geschäftigkeit der kleinen Räuber in der Abenddämmerung beobachtet. Keine Cracker und keine Kohlrabi, schreibt mir Anna, bevor wir uns treffen. Kein knisterndes Butterbrotpapier. Und am besten Wolle. Grün, braun oder schwarz. Dunkelblau? Ganz schlecht. Blau ist das Rot des Waldes! Blau sticht Tieren ins Auge, das Spektrum kurz vor dem Ultraviolett hat Signalwirkung auf sie. Eine Schirmmütze oder ein Hut seien auch nicht schlecht – gegen die tief stehende Sonne, ja, und es lösen sich auch die Gesichtskonturen auf im Schatten. Hoffen auf Wind aus West oder Südwest, ungut wäre ein Ostwind. Wie man die Windrichtung misst? Die Raucher unter den Jägern haben es leicht. Die Nichtraucher im Zweifel Seifenblasen.

Vor meinem ersten professionellen Mal auf dem Ansitz war mir nicht klar, dass sich nicht nur der Fuchs vor dem Jäger versteckt, sondern auch der Jäger sich vor dem Fuchs. Wie leise der Gang über die Wiese geschehen, wie leise den Hochsitz hinaufgestiegen werden muss. In langsamen Bewegungen werden die Utensilien verstreut. Hier die Brotbüchse, da das Fernglas. In der linken Ecke lehnt Annas Gewehr. Die erste Stunde, sagt Anna, ist Lesezeit. Man muss das Rascheln vergessen machen, das man mitgebracht hat beim Erklimmen, das leise Lesen in Buch oder Smartphone hilft. Erst wenn man sich in der Landschaft nicht mehr an einen erinnert, kann in der Umgebung gelesen werden.

Wir glasen den Waldrand ab und sehen einen Fuchs, sehen ein Reh. Die Zeit vergeht flach atmend. Der junge Fuchs tanzt, maust, schnürt im nicht ganz hohen Gras. Das Reh löst sich auf. Ein zweiter Fuchs. Ein dritter. Er schleppt etwas mit sich. Einen Hasen? Nein. Den Lauf eines Rehkitzes. Ein Zeitvertreib beginnt. Beute wird versteckt, vergraben, gefunden, beknabbert. Die Wiese wird zum Spielfeld. Ein Fuchs trinkt, ein leises, stakkatoartig schlürfendes Geräusch direkt unter dem Hochsitz, an dem der Wassergraben entlangläuft. Wie ein Hund, denke ich, während ich ihn in diesem friedlichen Moment beobachte. Ein paar Meter nur neben mir, ich kann seine kleine Zunge sehen.

Ein paar Tage vorher fragt mich Anna am Telefon, ob es okay sei, wenn sie schieße. Auch wenn wir primär zum Beobachten aufbrechen, hat der Bauer, auf dessen Wald und Wiese wir vom Hochsitz aus schauen, ein großes Interesse daran, dass die Zahl der marodierenden Wildschweine und Waschbären, ja, auch Füchse, dezimiert wird.

Ist es okay? Später werden wir von einer Horde Waschbären erschreckt, die mit Krawall die Wiese entert. Nach nur drei Stunden sind die Sinne also schon so geschärft, dass ein paar Waschbären zur Sensation werden. Anna legt an, ich stecke mir die Finger in die Ohren, doch es ist bereits zu dunkel. Fünf verschwommene Knäuel rasen durch das Gras. Zu diffus, um ihnen nach dem Leben zu trachten. Tierschutzgesetz, Jägerpflicht: Ein verletztes Tier dürfte man niemals sich selbst und seinem Schicksal im Wald überlassen. Frauen sind die besseren Jäger, meint Anna noch flüsternd, der klarere Kopf, wohl weniger Testosteron. Überhaupt. Sie selbst weint um jeden Fuchs, den sie schießt. Wir blicken still in die Dämmerung und hören den leiser werdenden Waschbärenradau.

Wir suchen unsere Dinge zusammen und gehen durch den Abendtau. Rascheln wie die Bären. Und werden beobachtet von den Füchsen. Das lautlose Sitzen. Die anschwellenden Geräusche des Waldes. Die Stille ohne Schuss, denke ich, ist wahrlich keine Stille. Ist sehr okay.

Noch Kadaver, bald schon Muff? Aus den wenigsten Fuchsfellen wird heute Kleidung. Gustave Courbet, Der tote Fuchs *(1860).*

Rauchwaren

Der Tod riecht nach Marzipan, Salpeter und nassem Estrich. Dreitausend feuchte und verklebte Fuchsfelle, teils eingekühlt, teils eingesalzen und vakuumiert, landen im Schnitt pro Jahr in der Gerberei von Udo Meinelt im sächsischen Rötha, einer der letzten großen Kürschnereien Deutschlands. In der hauseigenen Gerberei werden vom Hamster bis zur Zoogiraffe alle Arten und Größen von Fell bearbeitet. »Ich lebe für den Pelz. Ich träume von Pelzen nachts«, berichtet mir der beinahe 80-jährige Kürschner, der seinen Betrieb vor Jahren den Söhnen überlassen hat, aber doch fast keinen Tag ohne die Hand in den Pelzen verlebt. Auch ich werde nach dem ersten Besuch in Rötha nachts von Pelzen träumen. Von jenen abertausenden Füchsen, die mit Abstand den größten Anteil der Felle stellen, die dort zur Verarbeitung eintreffen. Und die in Rötha jeglichen Wirtschaftsraum dominieren, von der Postannahme im Hof über die salzverkrusteten Holzböcke in der Gerberei, von der kühlen gefliesten Zurichterei bis in die kuscheligen Nähstuben und den kleinen überquellenden Laden. Die vielen rotorangefarbigen bis graubraunen, die wenigen weißen und schwarzen Füchse sind hier omnipräsent, ja, die Firma Meinelt & Söhne scheint mit Füchsen ausgelegt, tapeziert.

Etwa eine halbe Million Füchse werden im Jahr in Deutschland getötet, oder wie es in der Jägersprache heißt: »der Natur entnommen«, rund 50 000 Fuchsbälger landen beim Kürschner. Und unternehmen dort einen sonderbaren *rite de passage*: Werden zur zweiten Haut, zum Fell, das uns längst abhandengekommen ist. Kaum ein Stoff, mit dem wir uns umgeben, ruft so starke und gegensätzliche Sensationen und Positionen hervor. Kein Wunder, dass sich die Venus im Pelz wiederfindet. Und dass die andere Seite des Fetischs die organisierte und handgreifliche Ablehnung ist. Die Skala an libidinösen Gefühlen und Argumenten des Abjekten, die sich am Pelz offenbart, ist selbst Offenbarung: Es scheint unmöglich, sich nicht zum Pelz zu verhalten. Das interessiert mich. Denn ich ahne: Es hat genauso mit unseren allerersten sinnliche Eindrücken zu tun (Wärme, Umhülltheit, Sanftheit, Kitzeln, Streicheln) wie mit unseren Gedanken an das Allerletzte, nämlich das Sterben.

Am Feldrand, in einer Garage, in einer Abbalgstation beginnt es. Einen Fuchs zu erschießen ist das eine, in einer Sekunde Geschehene. Sein Fell nutzbar zu machen, ist langwierige Handwerkskunst. Etwa hundert Arbeitsschritte braucht es, um aus dem Fuchsbalg einen vernähbaren Pelz zu gewinnen. Den ersten tätigt der Jäger. Schnell muss es gehen, denn das Verarbeiten des Balgs ist zuallererst eine Übung in Konservierung, gegen das Verwesen. »Stirbt der Fuchs, so gilt der Balg!« ist eine alte Waidmannsregel, denn da er kaum essbar ist, liegt der Wert des Fuchses (falls man ihn nicht allein der Wildpflege wegen tötet) tatsächlich in seinem Fell.

Das Abbalgen ist eine unschöne Angelegenheit. Dem Tier wird das Fell nicht nur über die Ohren gezogen, sondern auch über Lider, Läufe, Nasenschwamm, möglichst kundig und kunstfertig mit Hilfe von Skalpell und Kneifzange. Von den

Branten entlang der Farbgrenze wird der Fuchs dabei aufgeschnitten, und je wärmer er noch ist, desto besser gelingt das Abziehen.

Geweicht und gewaschen wird das Fell in Haspel genannten Bottichen mit mühlradähnlichen Holzschaufeln. Das Fleisch wird zum ersten Mal grob entfernt und das Fell danach in den »Leipziger Pickel« gelegt – eine Beizemischung aus Wasser, Salz und Schwefelsäure, wobei der Fuchs üblicherweise in milderer Ameisensäure liegt. Ein immer noch konsternierender Marzipangeruch steigt auf, süßlich und sauer, gemischt mit dem Geruch eingelegter Gurken. Früher, erzählt Udo Meinelt, haben die Gerbermeister die richtige Mischung durchs Schmecken ermittelt. Ich lehne trotzdem dankend ab, den Finger in den Trog zu stecken und zu probieren.

Nach der ersten Beize kommt der sogenannte Bankkürschner ins Spiel, der den Balg vollständig entfleischt, sprich, mit dem Rundmesser das Fleisch, Fett und Unterhautbindegewebe abschabt. Möglichst sensibel und dabei kraftvoll, denn das Leder darf nicht reißen, und das Aas muss entfernt werden. Wie eine überdimensionierte Brotschneidemaschine sieht die elektrische, schnell horizontal rotierende Messerscheibe aus, an der diese Arbeit heutzutage erledigt wird. Bis zur Elektrifizierung dieser Tätigkeit saßen die Vorrichter Bank an Bank, das runde Messer, über das die Haut gezogen wurde, vor ihnen zwischen den Knien. Fotos erzählen von dem schweißtreibenden Handwerk, von Kürschnerbänken in dichter Anordnung in einem großen Fabrikraum, dazu Haufen von zugerichteten Fellen und Berge von abgeschabten Gewebeteilen. Der Geruch muss unausstehlich gewesen sein. Der Maler Lovis Corinth,

Nicht alle Nähte übernimmt die Pelznähmaschine – für besonders feine Stiche muss noch heute die Dreikantnadel manuell geführt werden; hier ein historischer Blick in eine Pelzwerkstatt im sächsischen Bennewitz.

Gerbersohn und in seiner Autobiografie ein herrlicher Chronist des Treibens und Lebens in einer Gerberei, erinnert sich trotz seiner sonstigen Detailfreude nur unspezifisch an einen »eigentümlichen, säuerlichen, charakteristischen Geruch«. Er tat vermutlich gut daran, ihn ein wenig zu vergessen.

Die Bankkürschner sind echte Malocher, haben die wahrhaft tote Materie vor sich, mit zentimeterdicken Gewebeschichten, über denen die Lederhaut sitzt, in der die kurze, weiche Unterwolle und die langen Grannen- oder Deckhaare wachsen. Die Haare wiederum interessieren die Nadelkürschner, die im Anschluss mit dem noch mehrfach getrockneten, streichgefetteten, in Buchenspäne geläuterten, gebürsteten und schließlich prächtig leuchtenden und flauschigen Fell zu tun haben. Wie seidig sind die Grannen? Auf welche Farben spielen sich Deckhaar und Unterwolle ein? Wie steht es um die Rauchware – der ungewöhnliche Begriff wird abgeleitet vom Adjektiv *rau* oder *rauch* –, die der Kürschner auch noch einmal in Kategorien wie etwa »vollrauch« oder »überrauch« staffelt. All das kommt in einer fremden Sprache daher, die mir en passant auch ein Rätsel der Kindheit löst. Denn wie die meisten Kinder heute habe ich das Grimm'sche Märchen vom »Allerleirauh« nicht so ganz verstanden, in dem nicht erklärt wird, dass ihr Name von den vielen Fellen stammt, aus denen ihr Mäntelchen genäht ist …

Wer je in einer Pelzwerkstatt war, wird die Erfahrung der feinen Haare, die dort überall durch die Luft schweben, vor allem sind es Kaninchenhaare, nicht vergessen. Sie landen in Mund und Nase und dummerweise auch in den Augen, haften überall, fallen in die unabgedeckte Kaffeetasse. Hier in der warmen Werkstatt erst gelingt es mir, den Fuchs anzufassen. Es ist unmöglich, durch die Näherei zu gehen, ohne die Finger in die überall liegenden Fuchsfelle zu tauchen. Von der Pelzseite aus gesehen scheinen sie perfekt, doch sobald man sie umdreht, wird man daran erinnert, was den Fuchsbalg immer vom Kaninchen unterscheidet: Irgendwo ist das Leder durchlöchert von einem oder mehreren Einschüssen. Vor der Verarbeitung müssen diese Verletzungen repariert werden, »anbrachen« wird der Arbeitsgang genannt, und ich lerne das »Zunge ziehen«.

Vorsichtig setze ich die Rasierklinge an und schneide ein länglich aufgezeichnetes Dreieck um das Loch herum aus. Die Wahrnehmung fängt an zu changieren: Ich schneide doch nicht Buntpapier oder Baumwollgewebe? Nein, ich schneide Haut. Die vor einiger Zeit noch durchblutet war und deren elfenbeinfarbene, porige Unregelmäßigkeit mich immer wieder auf meine eigenen Finger schauen lässt, die das Kürschnermesser ziehen.

Während ich mir beibringen lasse, wie man Fuchsfelle anbracht, die Rauche und den Haarschlag (also die Wuchsrichtung) bestimmt, den Grotzen markiert (die Mitte des Fells am Rückgrat), das Fell mit Fettlösung einsprüht und zweckt (auf ein Brett aufspannt), mit schneller Nadel an der Rundnähmaschine durchsticht und das dreieckige Loch vernäht, während ich aufpasse, dass meine Kaffeetasse immer zugedeckt ist, und den Erklärungen des Kürschners lausche, bin ich immer wieder kurz davor, es nicht auszuhalten.

Pelz fordert und überfordert die Wahrnehmung, immer wieder, ich bin nicht die Einzige, die das bemerkt. Franz Kafkas Tagebücher etwa sind durchzogen von voyeuristischen Beschreibungen, in denen junge Mädchen quasi in Einzelteile wie Lippen, Hüte, Schleier und vor allem immer wieder Pelz zerlegt werden. In seinen Briefen findet sich die Spezifizierung seiner Pelzwahrnehmung, wenn er etwa im September 1907 an seine Urlaubsliebe Hedwig Weiler schreibt, Pelze wollen »bewundert werden und leiden machen«, oder Ende Mai 1914 an seine Freundin Grete Bloch, dass ihm ihre Pelzstola bei der ersten Begegnung peinlich gewesen sei und ihn dieses Kleidungsstück auch bei seinen Schwestern schon immer »viel geplagt« habe. Pelze waren auch Kafka ein dauerndes Zuviel. Dem er aber als Kind seiner Zeit nicht entkommen konnte.

Noch das 19. und das beginnende 20. Jahrhundert muss man als Pelzjahrhundert verstehen, Felle waren schier überall um den Menschen herum: als Kleidung, Interieur, Schmuck. Die

Dame von Welt, nie ohne Pelz: Élisabeth Vigée-Lebrun, Portrait der Madame Molé-Reymond *(1786).*

Gerberei im sächsischen Rötha ist der Nachhall einer Zeit, die für uns heute unvorstellbar befellt war. Der Umschlag an Tierbälgern war immens, und Leipzig war jahrhundertelang ein Weltzentrum des Pelzhandels. Wann genau die Geschäfte mit dem weichen Gold dort anfingen, ist nicht zu ermitteln, klar nur ist, dass Felle eine der ersten Tauschwaren der Menschheit waren. Immer schon wurden sie auf den Handelswegen gekarrt, und da Leipzig genau auf der Kreuzung von Via Regia (der Königsstraße von West nach Ost, von Kiew und Moskau bis Santiago de Compostela) und Via Imperii (der Reichsstraße von Nord nach Süd, von Stettin bis Rom) lag, war die Stadt seit jeher ein Lager- und Umschlagplatz von Fellen. Hier traf sich im Übrigen einiges, was Kleidung ausmachte: Während aus dem Westen etwa Tuchwaren aus Flandern kamen, brachten die Händler aus dem Osten Felle mit. Im nahegelegenen Thüringer Becken wurde zudem das begehrte Färberwaid gewonnen, aus dem man den Farbton Indigoblau gewann. Die Leipziger Historikerin Doris Mundus und ihre Projektgruppe »Pelze vom Brühl« holt die Konjunktur des Fells seit ein paar Jahren wieder ans Licht. Sie erzählt von den grauen und weißen Elefanten, wie im Volksmund die Planwagen hießen, die ständig durch Leipzig rollten. Durchzogen von vier Fließgewässern, war die Stadt prädestiniert für die Verarbeitung von Rohfellen, die Lohe konnte schnell abfließen. Und beliebige Jahres- und Umsatzzahlen sprechen eine deutliche Sprache: Bereits 1423 wurde die Kürschnerinnung gegründet, zur Ostermesse 1832 wurden 1331500 Kilo Felle umgeschlagen.

»Mein Arzt will durchaus, dass ich diesen Winter nie ohne Pelz ausgehe, und noch besitze ich keinen. In Leipzig, vermute ich, kann ich am besten dazu gelangen, und Sie sind wohl so gut, dies zu besorgen.« So der freundliche Befehl Friedrich Schillers an seinen Freund und Verleger Georg Joachim Göschen im Jahr 1791, der uns nicht nur davon erzählt, dass Schiller oft erkältet war, sondern auch davon, wie berühmt die Pelzstadt zu seinen Zeiten gewesen sein muss. Ein bestimmter Straßenzug wurde zum Synonym für den Handel mit Fellen, wie Joseph Roth zu Beginn des 20. Jahrhunderts beobachtet: »Der Brühl scheint mir das zu sein, was man die Pulsader der Stadt nennt, und die Rauchwaren sind sozusagen die Pulswärmer.« Der Brühl war die Straße der Felle. Mit der Erfindung der Pelznähmaschine 1872 war die Produktion auf ein neues Niveau gehoben worden. In den Jahrzehnten um 1900 herum bis zum Beginn des Ersten Weltkrieges bildete Leipzig den Mittelpunkt des globalen Pelzhandels, etwa ein Drittel des weltweiten Umschlages fand in der Messestadt statt. Durch den Krieg wurde zwar der Handel ab 1914 schwerpunktmäßig nach London und New York verlagert, um aber von Mitte der 1920er Jahre bis zum Zweiten Weltkrieg erneut nach Leipzig rückzusiedeln. 1928 gab es 794 Rauchwaren- und Pelzfirmen in der Stadt, zwei Jahre später waren es bereits tausend. Zwischen den Kriegen waren rund 11 000 Menschen in Leipzig in verschiedener Weise mit Pelz beschäftigt, im Kontor und an den Gerbbottichen, auf den Kürschnerbänken und auf den hohen hölzernen Galerien, in denen der Pelz ausgeklopft wurde.

»Der weithin hörbare typische Dreiertakt war einst eines der Kennzeichen des Berufsstandes der Kürschner.« So beschreibt es Doris Mundus, und weiter: »Typisch war auch der Geruch, der den ganzen Brühl durchzog: Es roch nach rohen Fellen, zuweilen nach Aas, vor allem aber nach Kampfer, Naphthalin und Mottenpulver.« Der Kampf gegen Motten- und Käferfraß an den teuren Kleidungsstücken ist vor der Erfindung der chemischen Insektizide eine besonders schwere Aufgabe. Nicht jeder liebte »Zikaden, Käfer und Farfarellen« im Pelz, wie sie Goethe aus Mephistos Umhang im zweiten Akt des zweiten Teiles vom *Faust* flattern lässt. Mit Findigkeit und Experimenten stellte man sich solchen Untermietern entgegen: zerstoßener Pfeffer, gesplittertes Selenit-Mineral oder Veilchenwurzel wurde zwischen die Haare gestreut und in einem speziellen Dreier- oder bei schweren Pelzen auch Sechsertakt wieder herausgeklopft. Ein schwerer Schlag, um den Schmutz oder die Insekten zu lösen, und zwei leichte, um sie aus dem Pelz heraus zu stäuben. Die Rauchwarenhändler in Leipzig sollen viermal im Jahr ihre Lager durchgeklopft haben, und auch wenn bereits kurz nach 1900 die ersten elektrifizierten Klopfmaschinen zum Einsatz kamen, muss ein Zeitzeuge wie der rasende Reporter Egon Erwin Kisch das händische Klopfen noch erlebt haben. In der *Weltbühne* 1930 berichtet er gewohnt findig über seinen Eindruck vom sächsischen Fell-Dorado: »Man trägt seine Haut zu Markte, und dieser Markt der Häute ist der Leipziger Brühl. Ob die Tiere ein Indianerpfeil traf oder ob sie sich im Fangeisen verfingen, ob ein Gewehr sie erlegte oder ob Rüden sie verbissen, alle begegnen einander wieder, die ihr Fell lassen müssen. [...] Der Brühl ist ein Weg, belebt von Schlaufüchsen und Blaufüchsen und von Handel und Wandel, welch letztere zwei Begriffe eigentlich bloß ein Begriff sind, denn man handelt wandelnd und wandelt handelnd auf dieser Straße, die ein Jahrmarkt ist das ganze Jahr. Viele Höhlen liegen überei-

Blick in eine ›Fellhöhle‹, 1905 aufgenommen: die mehrstöckige Lagerhalle von Heinrich Lomer & Co. in Leipzig.

Im Stil der Neuen Sachlichkeit entwarf Otto Arpke dieses ikonische Plakat – auf dem Höhepunkt Leipzigs als internationalem Pelzhandelszentrum.

nander im gleichen Bau. Hoch klettert das Menschenpack empor zu seinen Behausungen.« 13 Jahre später war dieses Bild Geschichte. In den Tagen vom 4. bis zum 15. Dezember 1943 brannte der Brühl nach Bombenangriffen völlig nieder. Die Leipziger Pelzindustrie gab es schon vorher nicht mehr. Mit dem Aufstieg der Nazis wurden erst die jüdischen Pelzindustriellen vertrieben, dann sukzessive die Handelsbeziehungen zu anderen Ländern eingestellt.

Es wundert nicht, dass es ein Fuchs war, der überlebt hat und nochmal als Ikone durch die Geschichte des Pelzhandels schnüren durfte. Für die internationale Pelzfach-Ausstellung 1930, eine monumentale Schau inklusive Vergnügungspark, Jagdausstellung und Pelz-Welt-Kongress, schuf der Illustrator Otto Arpke das stilisierte Motiv eines blauen Fuchses. Dieses aus kleinen und großen Dreiecken, einem Oval als Kopf und einem geschwungenen Halbmond als Schwanz bestehende Bildchen wurde nach dem Krieg das Signet der DDR-Rauchwarenbranche. Das internationale Pelzgeschäft in Deutschland fand sich nach dem Krieg zwar in der Niddastraße in Frankfurt am Main wieder. Trotzdem standen die Pelzprodukte aus dem Osten hoch im Kurs. Da ging es der Kürschnerware nicht anders als den Glashütte-Chronografen: Der Großteil der Produktion war für den Export bestimmt. Das VEB Rauchwarenkombinat Leipzig wurde 1961 gegründet, 1966 in VEB Brühlpelz umbenannt. Mittendrin der Betrieb von Udo Meinelt, der noch heute die Meisterschaft der Ostkürschner preist. Die erwies sich in dem wohl berühmtesten Produkt der Pelzwarenbranche, der Fuchsjacke aus nur einem Fell. Für 9 000 Ostmark oder

800 Westmark war dieses Kunststück zu haben, das daraus bestand, schmale Lederstreifen so versetzt in das Fuchsfell zu nähen, dass der Pelz trotzdem noch voll aussah. Galonieren heißt diese Art der Materialauflockerung und -streckung; dass ein einziger Fuchs für eine ganze Jacke reichen sollte, kommt mir trotzdem wie eine liebenswerte Fama vor.

Bis zum Beginn der 1990er Jahre waren in und um Leipzig etwa 8 000 Menschen in der Pelzindustrie beschäftigt, allein in Rötha gab es 36 Gerbereien. Fünf Jahre nach der Wende existierte kein einziger Pelzhändler mehr am Brühl. Meinelt & Söhne ist die einzige Gerberei, die es in Rötha noch gibt. 2011 erst ist eine Kürschnerin an den Brühl zurückgekehrt, sie ist bisher die einzige in Leipzig.

Was macht das Fuchsfell so besonders? Es ist sicher nicht seine Haltbarkeit, da liegt es mit etwa vierzig Jahren im Mittelfeld; beständiger als ein Kaninchenfell, das bedeutend schneller zu haaren und brüchig zu werden beginnt, dafür merklich unbeständiger als ein Nerz, der bei guter Pflege (jährlich läutern, bügeln, entfetten) bis zu hundert Jahre hält. Mit jedem anderen Pelz hat das Fuchsfell gemein, dass es eine Klimahülle um den Träger bildet – wozu es in seiner kurzen dichten Unterwolle winzige Luftkammern erzeugt, die gegen Kälte und auch Wärme schützen. Die längeren Grannenhaare wiederum sorgen dafür, dass diese Luftkammern nach außen abgeschlossen sind und auch Wasser nicht hindurchkommt. Pelz wärmt also nicht nur, er kann auch kühlen. Aber das ist es nicht. Den Fuchspelz machen zwei Eigenheiten aus: seine Omnipräsenz und seine Farbe.

Mit dem Silberfuchs begann im späten 19. Jahrhundert die Zucht in Farmen – erst 2005 wurde die letzte deutsche Fuchsfarm geschlossen.

Wie überlebt solch ein schlecht getarntes Tier, habe ich schon oft gedacht, wenn ich einen gesehen habe, einen klassischen Rotfuchs, wie er in unseren europäischen Breiten herumschnürt. Dessen Rücken und Außenseite der Läufe von feuerrostigem Orange leuchten, dessen Bauch, Kehle und untere lange Schnauzenpartie milchweiß befellt stets ein bisschen extraordinär zu lächeln scheint und dessen buschige Rute vom Rot über ein Sandgrau in einem weißen Signaltupfer endet, seiner – wie der Jäger sagt – Standartenblume. Ein verdammt schlecht getarntes Tier. Und das nicht nur an dem Tag, an dem es gejagt wird. Sondern in Hinblick auf die gesamte Darwin'sche Aussieberei. Es muss ja errötet sein. Weshalb? Und wieso blieb es so? Vielleicht, weil nur Menschen den Fuchs so sehen? Oder zumindest das menschliche Auge sehr empfindlich darauf reagiert, wenn Licht in einer spektralen Verteilung auf es zukommt, in der Wellenlängen oberhalb 600 Nanometern dominieren. Die meisten Säugetiere sind rot-grün-gelb-blind, haben gar nicht die optischen Voraussetzungen, die Farbe Rot überhaupt zu gewahren. Auch der Fuchs selbst kann sich in seiner Farbpracht nicht wahrnehmen. Der Mensch hingegen sieht Rot. Und, so paradox es ist, grade er ist auf weiter Flur der einzige Feind des Fuchses, der ihm ans Leben, an die Population und nicht zuletzt den roten Balg will.

Nicht jeder Fuchs ist knallrot. Obwohl wir sofort eine Farbe vor Augen haben, wenn wir an dieses schmale Raubtier denken, das im Übrigen nur durch seine Fellpracht etwas üppig wirkt und dadurch fast ein wenig unproportioniert auf seinen noch dazu recht kurz anzuschauenden Streichholzbeinen steht: Dennoch gibt es die unterschiedlichsten Fuchsfärbungen. Schon unter den europäischen Füchsen reicht die Palette neben dem klassischen Orangerot von blassem Rot über das flammende bis zum tiefdunklen Rot. Es gibt die Gelbschattierungen von Sandfarben bis Graugelb und Beige, daneben die dunklen Brandfüchse oder Kohlfüchse, die sich vom hellen Birkfuchs unterscheiden, ganz zu schweigen vom Moorfuchs mit seinem schwarzen Bauch ... kein Fuchsfell gleicht dem anderen, so eine Regel in der Rauchwarenbranche. Zumal sich auch der Winter- und der Sommerbalg in Dichte und Farbigkeit unterscheiden und zur Saison die Region kommt: Tiere, die im Kiefernwald leben, haben ein dunkleres Fell als die, die unter Birken groß werden. Und je weiter südlich, so vermerkt es *Brehms Tierleben* in der Ausgabe von 1927 mit knapper Formel, desto kleiner und weniger rot ist das Tier. Der Fuchs ist so in mehreren Ausgestaltungen zuhause – inklusive der verblüffenden Resultate von Forschungen, die vor sechzig Jahren auf Fuchsfarmen in Nowosibirsk begannen. Dort wird bis heute probiert, Füchse durch Zucht zu zähmen, wobei zu Tage trat, dass der domestizierte Fuchs seine Farbe verliert. Er bekommt, ähnlich wie Pferde, weiße Blessen, Flecken und Pfoten, der Schwanz wird fast ganz weiß. Das Zähmen wäscht ihm offensichtlich das Fell aus.

Die Farbe also ist das eine – die zweite Besonderheit des Fuchspelzes liegt in der Ambivalenz der Masse. Er ist einfach zu leicht zu haben. Darum war es nie der Fuchspelz, in den sich der König oder überhaupt der höhergestellte Untertan hüllte. Bis ins Spätmittelalter gab es in Europa Erlasse, die bestimmte Pelzarten nur bestimmten Ständen gestatteten. Der gemeine

Die ersten Fuchsträger waren Männer. Giovanni Cariani: Portrait eines Herrn mit Barrett, *Beginn des 16. Jahrhunderts.*

Rotfuchs nun hing in der Garderobe des Bauern und der Landbevölkerung, des Handwerkers und des einfachen Bürgers. Während der Adel Zobel und Hermelin trug, war der Fuchs ebenso wie das Eichhörnchen als überall jagdbare Ressource der Fellllieferant für die untersten Stände. Noch bis in die Literatur des 19. Jahrhunderts, bei E. T. A. Hoffmann, Fjodor Dostojewski oder Gerhart Hauptmann, kommt mit der verschlissenen Fuchsmütze nur daher, wer auch gesellschaftlich nicht satisfaktionsfähig und vor allem: ein Mann ist. Die Verwendung des Fuchsfells unterschied sich nicht nur nach Ständen, sondern auch nach Geschlecht. Als Innenfutter, Jagdmuff, Mütze oder Verbrämung war es Teil der Herrenmode. Dass die Dame offensiv Fuchs trug, und zwar mit der auffälligen Färbung nach außen, ist nicht zuletzt eine Begleiterscheinung der Französischen Revolution. Vor ihr trennte die Mode die Klassen, seit der Moderne die Geschlechter – so bringt es die Literaturwissenschaftlerin Barbara Vinken auf den Punkt. Das »schöne Geschlecht« repräsentierte vormals der Mann, nun war es die Frau. Mit dem Part des Frivolen, Sexualisierten, Spielerischen, den die Frauenmode von den Männern aus dem Ancien Régime übernahm, ging auch die Fuchsigkeit auf die Frauen über. Wie üblich ein Fuchs für eine Frau an der Jahrhundertschwelle 1800 war und wie unüblich für einen Mann, wird aus Goethes Bericht *Aus meinem Leben* sehr deutlich. Beim Schlittschuhfahren auf dem zugefrorenen Main leiht er sich den purpurnen Pelz seiner Mutter – und wird noch Jahre später auf die sonderliche Gestalt angesprochen, die er dabei abgegeben haben muss.

Der Balg des Fuchses weckt weibliche Begehrlichkeiten. Und männliches Begehren. So wird er zur Tauschware zwischen beidem. Ein subtiles Fuchsgeschäft findet sich in einem zu Unrecht vergessenen Werk des Fantasten Jules Verne. *Das Land der Pelze* berichtet von einer irren Expedition von Angestellten der Hudson Bay Fur Company. In arktische Regionen über den nördlichen Polarkreis will man vorstoßen, um einen Außenposten für die Fellbejagung zu errichten – eine Hauptfigur in dem Geschehen, das am 17. März 1859 beginnt, ist die Forscherin Paulina Barnett. Ihr, die nun wahrlich keine zimperliche Madame ist und sich gegen die »kostspielige Mode des Pelzetragens« ausspricht, wird eine zweifelhafte Avance zuteil. Nach erfolgreicher Jagd auf einen wertvollen Silberfuchs streiten sich zwei Jäger um das Tier, denn zwei Kugeln haben es getroffen. Nachdem das rhetorische Kräftemessen entschieden ist, übergibt der Sieger den Balg der verdutzten Forschungsreisenden: »Die Damen lieben ja schönes Pelzwerk, sagte er. Wüßten sie, mit welchen Mühen, ja manchmal, mit welchen Gefahren man dieses zuerst erlangt, sie würden wohl nicht immer eine solche Sehnsucht darnach haben! Doch, sie lieben es einmal! Erlauben Sie mir also, Madame, Ihnen dieses Stück zur Erinnerung an unser Zusammentreffen zu überreichen.«

Sigmund Freud hätte diese Szene vermutlich so gedeutet: Der Mann überreicht der Frau ihr Schamhaar. Die Assoziation des Pelzes mit der Behaarung des »Mons Veneris« stand für ihn außer Frage. Was Freud zum Fuchsschwanz an der Trappermütze, an Autoantenne und Bonanzarad gesagt hätte, steht auch außer Frage. Doch weshalb sich die Frau nicht nur ein Pelzaccessoire anheftet, sondern ganz in Fuchs geht, das erklärt die einigermaßen abstruse Schamhaarvariante nicht. Auch nicht, weshalb sich Generationen von Frauen nicht nur den reinen Haarschmuck, sondern gleich den ganzen Fuchs um den Hals gelegt haben. Noch vor wenigen Jahrzehnten war es Usus, das ganze Tier zu tragen, mit Schnauze und Glasaugen, mit den Läufen und den Krallen daran.

In der Kürschnerei in Rötha finde ich Reminiszenzen an die Zeit: wunderschöne, marmorierte Bakelit-Klemmen. Die gut 5 Zentimeter langen Klammern sehen wie Haarschmuck aus, sind enorm stabil und zupackend, und wurden an den Kopf des Fuchses genäht, damit er sich an seiner Lunte festbeißen konnte, dem Kragencollier um den Hals der Dame Halt gebend. Die Klemmen werden heute nicht mehr gebraucht, hier liegen sie in einem Plastikeimer.

Mit der Zeit geht, wer den Luxus des Pelzes in aller Stille zelebriert. Coco Chanel entwarf zwar mitten im Pelzwunderland des beginnenden 20. Jahrhunderts ihre Kollektionen, war aber Verfechterin des Innenfutters. Ein auf einen Stuhl geworfener Mantel, der dabei das Futter präsentierte, galt ihr als diskreter Hinweis auf Reichtum. Ob Seide oder Pelz, so Chanel, allein die Dame weiß, dass sie Edles trägt. In einem der edelsten Geschäfte Kölns an der Hahnenstraße, über dem ein charmanter 1950er-Jahre-Schriftzug prangt, erfahre ich, dass Coco Chanels Bonmot längst Gebrauchsanweisung ist. Pelz Adrian, 1903 gegründet und ein Familienbetrieb wie die meisten der 79 in der deutschen Innung gelisteten Kürschnereien, wirbt mit dem Slogan »Leichter als vier Äpfel« für einen Pelztrenchcoat aus weichem Fell und regendichtem Seidenstoff. 660 Gramm wiegt das gute Stück, das, wie mir Kürschnermeister Guido Adrian erzählt, zum Erbstück taugt, aber optisch wenig gemein hat mit einem klassischen Pelzmantel. Es ist eher feiner Trenchcoat

In der Winterkollektion von 1964 wird die Dame selbst zum Fuchs.
F. C. Gundlach: Wilhelmina mit Blaufuchs-Hut.

mit Plüsch auf der Innenseite; hübsch, bequem, unauffällig elegant. Kaum ein Kunde möchte noch Pelze tragen, die deutlich aussehen wie echter Pelz. Zum einen hat die Agitation der Pelzgegner Früchte getragen, zum anderen ist einfach auch die Opulenz passé: Die Nichtästhetik der Funktionskleidung hat auch in die Pelzmode Einzug gehalten.

Pelz Adrian ist Beispiel dafür, wie sich die Kürschnerbranche neu sortiert hat. Pelz als ökologische und nachhaltige Ressource ins Bewusstsein zu bringen, ist mehr als Geschäftsstrategie. Die Füchse, die Guido Adrian verarbeitet, sind allesamt biologisch in einem naheliegenden Betrieb gegerbt und stammen zum großen Teil von Jägern aus der Eifel. Wie all die anderen Pelzwerkstätten, die ich mir ansehe, hat sich auch Pelz Adrian nebenbei auf die Umarbeitung alter Kleidungsstücke spezialisiert. Beim Gang durch die Kürschnerei sehe ich schwere Seehundmäntel, die fast von alleine Stand haben, und massive Fuchsmantelgebirge, in die man heute niemals mehr schlüpfen würde. Sie werden umgearbeitet in Westen oder Jacken, mit Strickstoffen versetzt und vor allem um ihr schweres, müffelndes Innenfutter gebracht. Pelzrecycling geht auch Richtung Interieur, ich streichle in Köln genau wie in Rötha über Fuchskissen, die mal als Mantel während des Sonntagsspaziergangs und in der Oper getragen wurden.

Schon zum fünften Mal in Folge hat Pelz Adrian mit seinen Produkten den »Red Fox Award« bekommen, in diesem Jahr etwa für eine Handyhülle samt pelzbesetzten Kopfhörern. Der Preis ist ein Baustein in der Kampagne, die das Fuchsfell als natürliches und regionales Produkt rehabilitieren will. Fellwechsel heißt ein anderes Unternehmen, das vom Deutschen

Jagdverband getragen wird. 2017 ist in Rastatt in Baden-Württemberg die erste Abbalgstation eröffnet worden, in der Jäger ihre erlegten Tiere abgeben können. Sie werden gehäutet und geprüft, nummeriert und zur Ökogerbung weitergegeben. An jedem Kleidungsstück, das daraus entsteht, kann nachverfolgt werden, wo das Tier zu Tode kam und welchen Weg das Fell genommen hat. Regional, nachhaltig, ressourcenschonend, das Ökofell nimmt derzeit seinen Weg in den Bio-Laden.

Udo Meinelt zeigt mir eine Ecke in seiner Werkstatt, in der dicht an dicht seltsamste Haarstreifen hängen. Wolf? Fuchs? Biber? Auf den zweiten Blick erkenne ich: Es sind Plastikfelle, Besätze von Kapuzen, die in Meinelts Werkstatt herausgetrennt und durch Echtpelz ersetzt wurden. Die Probe auf ihre Plastikprovenienz ist einfach, man atmet auf das Fell aus, und wenn es sich nicht sanft lebendig bewegt, ist es Fake Fur. Der Kürschnermeister schimpft: Eine Umweltsünde sei dieser Plastekram, in der Herstellung sowieso, vor allem danach auch nicht abbaubar. »Aber wenn ich einen Fuchsmantel auf den Kompost lege, ist der nach zwei Monaten weg.«

Sicherlich hat sich unsere Einstellung zum Pelz in den vergangenen Jahren gewandelt wie seit Menschengedenken nicht. So wie unser Verhältnis zum Tier (und damit zu uns selbst) seit einigen Jahrzehnten grundlegend neu überdacht wird. Barbara Vinken, man trifft sie selten ohne Pelz an, erzählt mir, wie sie von ihrem ersten Gastprofessorinnensalär in Paris einen Nerz gekauft habe. In einem Interview gibt sie zu: »Pelz ist meine Schwäche; zu ihm habe ich ein archaisches, ja fast fetischistisches Verhältnis. Das Licht spielt in ihm, er hüllt mich weich und warm ein. Es ist, als ob die Kraft des Tieres in mich flösse und mir hilft, die Härte und Kälte des Lebens zu überstehen. Aber ich weiß, dass es keine Rechtfertigung ist.« Die Wissenschaftlerin ist sich bewusst, dass das Tragen von Pelz genauso wenig zu entschuldigen ist wie etwa das Essen von Fleisch. Bejahung oder Verneinung, es gibt kein Dazwischen. Nur die Beschäftigung damit.

Pelz ist ein so sonderbares Material. Und wird umso sonderbarer, je länger man es wahrnimmt. Man kommt nicht umhin, die »Kraft des Tieres« zu erfahren. Am weichsten ist der Fuchs am Kopf gleich hinter den Ohren und dort, wo das Fell vom hellen Orange in ein helles Weißgrau übergeht, an der Kehle, den Seiten, dem Bauch. »Ein pelzener Abhang von winterschläfriger Süße«, so steht die Geliebte Karola in Wendelins Jungmännerzimmer, und in den folgenden Seiten von Franz Hessels Roman *Heimliches Berlin* von 1924 wird Karolas Fuchspelzmantel den beiden zu einem Dritten. Sie betten und rollen sich auf ihm, werden durch ihn zum Löwen, und als Karola geht, streichelt den jungen Mann das von ihm genommene Fell »sanfter als ein lebendiges Wesen es könnte«. Der Pelz, die Frau, das Tier. Bilder, die sich übereinanderlegen und einander abgeben von ihrer Aura. Selbst Stein vermag ein Pelz zu erweichen. Severin von Kusiemski traut seinem Verstand nicht, als er die marmorne Venus in dem Park seines karpatischen Urlaubsortes eines Nachts verlebendigt sieht, in dunklen schweren Pelz gehüllt, noch steinern, die Wangen aber bereits gerötet und die Augen zu grünen Blitzen verwandelt … ein Scherz der schönen Witwe Wanda, die der Statue den Pelz umgehängt hat und auf diese Weise mutwillig die fatalen Bande initiiert, in die Severin mit ihr stürzen wird. Leopold von Sacher-Masochs ikonische

Novelle *Venus im Pelz* von 1870 nutzt den Effekt des Changierens zwischen Frau, Pelz, Leben, Tod. Und zieht die Linien der Verkehrung bis in Details: Auch wenn sie einen dunklen Pelz trägt, mit ihrer marmorweißen Haut und den flammendroten Locken spiegelt Wanda von Dunajew die Farbigkeit des Fuchses. Die Fuchsfrau steckt in einer weiteren Pelzschicht. Ist Tod und Wiederbelebung in Potenz. Ist fatale Wiedergängerin. Und lässt es nicht gut ausgehen.

Pelz ist nicht ohne Tod zu haben. Und auch wenn sich in jedem glatten Leder die Idee der Vanitas verstofflichen kann, so erzählt das Fell, das sich mit dem Träger bewegt, dessen Haare bei jedem Lufthauch vibrieren und dem so ein sonderbares zweites Leben gegeben ist, weitaus verstörender vom Vergänglichen. Pelz ist auf unheimliche Weise lebendig. Im Besonderen der Fuchs, der das wohl komplizierteste und leuchtendste Fell des Waldes trägt. Aber wo ist der Fuchs, den ich an mir trage? Eine obszöne Angelegenheit: Das Lebewesen ist tot, doch sein Fell bewegt sich weiter durch die Welt. Der Jäger nennt den abgebalgten Leib den »Kern«, was eine durchaus präzise Bezeichnung ist, denn der Kern fehlt, und der Träger des Pelzes ersetzt ihn, muss zum Kern zweiter Ordnung werden. Ein unheimliches Double. Und die Frage bleibt: Wo ist der Fuchs, den ich trage, bin ich womöglich er? Jedes Pelztragen ist ein schamanischer Akt. Eine unheimliche und fadenscheinige Simulation der Unsterblichkeit, die davon erzählt, dass das Leben immer schon mit dem Tod infiziert ist.

Rumoren und Amouren

Während in London grade der berühmte *Hobson's Fox-Hunting Atlas* erscheint, um dem englischen Jagdsport mehr Effizienz zu verleihen, während in Leipzig seit mittlerweile 26 Jahren das von Ernst Anschütz verfasste Kinderlied *Fuchs, Du hast die Gans gestohlen* durch die Hinterhöfe schallt und in St. Louis die Mitarbeiter der Northern Fur Company den steten Niedergang ihrer Pelzhandelsgeschäfte beobachten, während also alles seinen westlich-rationalen Gang geht, tut auf der kleinen griechischen Insel Lefkas ein Mann seinen ersten Atemzug, der dem europäischen Fin de Siècle den fernöstlichen Fuchsgeist einhauchen und dem Tier so eine exotische Komponente beisteuern wird. Am 27. Juli 1850 kommt Patricio Lafcadio Tessima Carlos Hearn umgeben vom Ionischen Meer zur Welt, und er wird sich der stolzen Namen nicht genug später selbst in Koizumi Yakumo umtaufen. Japans Adoptivkind, wie ihn sein Freund und Verehrer Hugo von Hofmannsthal nennt, verliert in seiner Collegezeit durch einen Unfall ein Auge – und ist vielleicht genau deshalb ein berückender Chronist seiner eigenen Sinneseindrücke geworden. Seine Beschreibungen von Farben und Formen sind so präzise und atmosphärisch, dass sie über die Grenzen des Wahrnehmbaren fast hinausgehen; angetrieben von dem Bewusstsein, dass alles sofort unsichtbar werden kann. Mit anderen Worten: Er ist der perfekte Fuchsbeobachter. Und mein Reiseführer.

Fox on the run: Franz Marcs kubistische Füchse von 1913 sind durch unnachvollziehbar viele Besitzstände schließlich im Düsseldorfer Museum Kunstpalast angelangt.

Lafcadio Hearn, der die Küste seiner »Elfenwelt« Japan zum ersten Mal im Jahr 1890 erblickt, die Tochter eines Samurai heiratet, vier Kinder zeugt, durch das Land reist und dabei nach und nach zum Buddhismus findet, schickt Zeile um Zeile nach Europa, wo seine Geistergeschichten von Gustav Meyrink begeistert übersetzt und seine Reiseberichte von Stefan Zweig herausgegeben werden. Er stirbt 1904 als Literaturprofessor in Tokio, bis dahin aber hat er die europäische Jahrhundertwendegesellschaft gründlich japonisiert und mit aberhunderten Füchschen versehen. Wann immer er sich an einen von ihm besuchten Ort erinnere, so erzählt er in seinen berühmten *Glimpses of Unfamiliar Japan* (1894), tauche in einem Winkel der Erinnerung ein Fuchs auf. Sein Japan ist übersäht mit kleinen und großen Fuchsstatuen. Mal beschreibt er sie als von großer weiblicher Eleganz und mit langgezogenen graugrünen Augen aus Kristallquarz versehen, dann wieder als hutzelig-laienhafte Tonfiguren, deren lange Nasen von Kindern abgebrochen wurden. Immer haben sie einen eigensinnigen Ausdruck: apathisch oder wissbegierig, ironisch, lauernd, die Steinfüchse dösen und schielen, zwinkern und lauschen, die Zeit hat ihnen verschiedene gesprenkelte Mäntel aus alten Moosen und zarten Pilzen angezogen, sie sind gefleckt und weich und scheinen dem Fließen der Jahrhunderte zuzuhören und dabei die Menschheit zu bekichern. Auf einem Friedhof von Tokio stehen elegante Füchsinnen, die schmal, beinahe wie Wundhündinnen aussehen. Und im Schrein von Oba, so beschreibt es Hearn, befindet sich eine Kiste mit kleinen Lehmfüchschen; wer ein Gebet mit einem Wunsch spricht, steckt sich einen dieser Füchse in den Ärmel und trägt ihn nach Hause. Dort versorgt er ihn mit Zuwendung und Opfergaben, bis der Wunsch in Erfüllung gegangen ist – woraufhin der Pilger den Fuchs wieder in den Schrein bringen muss und dort auch ein kleines Geschenk hinterlässt.

Die Beschreibungen Lafcadio Hearns sind durchrankt von Jugendstil, ihre Motive finden sich in den japanischen Farbholzschnitten, die zur Jahrhundertwende in den europäischen Interieurs modern werden, und in den ersten Fotografien von Felice Beato oder Raimund von Stillfried, die nach der Öffnung Japans ab den 1860er Jahren die europäischen exotistischen Fantasien befeuert haben. Denn auch in Europa waren zu dem Zeitpunkt alle fuchsifiziert: In der Literatur wie bei Leopold von Sacher-Masoch, Jakob Wassermann oder Franz Hessel schnüren die Füchse als Stolen und weibliche Gestalten durch das Textbild. Die fuchshaarfarbenen Frauendarstellungen Gustav Klimts, Edgar Degas' und Edvard Munchs erleuchten mit ihren Kupferköpfen in der Malerei. Es ist kurz vor dem Moment, da Franz Marc in seine Fuchs-Phase eintritt, während der er blaue und rote Füchse malt, seine Auffassung der »Farbe an sich« und seinen abstrakten Strich an ihnen weiterentwickelt. Und es werden Schmuck wie Ansteck- und Haarnadeln, Alltagsgegenstände wie Aschenbecher, Buchstützen oder Kerzenhalter mit seinem Abbild en vogue. Der Fuchs erhält immer mehr ästhetische Weihen, doch welch ein Unterschied zur japanischen Idee der Füchse!

Das zeigt wohl am besten der Holzschnitt, den der Münchner Illustrator Ludwig Hohlwein (der nicht nur den Doornkaat-Schriftzug erfunden hat und dessen durstiger Franziskanermönch heute noch auf Weißbierflaschen präsent ist) für die zweite Ausgabe des Jahres 1900 der Zeitschrift *Jugend*

Durchaus weiblich-florale Assoziationen schwingen mit bei Ludwig Hohlweins Fuchs-Illustration aus der Zeitschrift Jugend *von 1900.*

anfertigte. Auf ihm sitzen drei etwas scheel dreinblickende und langnasige Füchse ordentlich in Reihe, haben sittsam ihre Schwänze auf die vorderen Branten gelegt, den Prinzipien der Serialität und Symmetrie gehorchend, schön, schläfrig, lauernd. Sie illustrieren einen Vers aus dem *Reineke Fuchs* in der Fassung von 1803 (der hochdeutschen Übertragung von Dietrich Wilhelm Soltau):

Es sitzt in einem jeden Staat
(Geistlich und weltlich) mit im Rath;
Das Fuchsgeschlecht herrscht überall,
Und täglich mehret sich seine Zahl.

Weit davon entfernt, den Fuchs als Sinnbild für den verschlagenen Teil einer Gesellschaft, die Politikerkaste, zu verstehen, bildet er im Volksglauben der Japaner vielmehr selbst ein eigenes Gemeinwesen mit Staat. Der Arzt Otto Gottlieb Mohnike, der die Japaner als erster Mediziner gegen Pocken durchimpfte, schreibt 1872 in der deutschen Volkskundezeitschrift *Globus* von einer für ihn seltsamen Beobachtung: Alle Japaner, so erzählt er dort, glaubten daran, dass Füchse ein selbst gewähltes Oberhaupt und eine geregelte Staatsverfassung hätten, die sie auf regelmäßigen Zusammenkünften aushandelten. Die Tiere konstituierten somit ein eigenes komplexes und reflektiertes Staatsgefüge, das mit dem menschlichen in Austausch stehe, wobei beide aufeinander einwirkten.

Deutlicher kann die grundsätzliche Andersartigkeit der jeweiligen Fuchskultur nicht ausgedrückt werden. Auf der einen Seite der Kitsch-, Kunst- und Parabelfuchs, dem der japanische Bildkosmos als ästhetische Zulieferung gedient hat. Auf der anderen Seite der asiatische Geister- und Geistesfuchs, der zwar Bilder und Abbilder produziert, aber diese mit einer positiven und spirituellen Dimension hinterlegt.

Die in der japanischen Natur zu findenden realen Füchse, der Hondo-Kitsune (Hauptinsel-Fuchs) und der Hokkaido- oder Kita-Kitsune (Nordfuchs) sind ein wenig kleiner und fluffiger und haben etwas farbenfroheres und dichteres Fell als der nordeuropäische Rotfuchs. Der Hokkaido-Fuchs ist ein bisschen größer als der Hondo-Fuchs und mit kontrastreicherem Fell, die hinteren Ohren und die Pfoten sind schwarzbraun gezeichnet. Doch die meisten Füchse, die man in Japan zu Gesicht bekommt, sind grau und moosflechtengrün, und tragen stolze rote Schärpen. Es sind die Füchse aus Stein, die auch Lafcadio Hearn kurz vor 1900 beschreibt und die noch heute unverändert in der Witterung stehen. Sie tragen Reisbündel und beschützen den Schrein der Shinto-Gottheit Inari, die Reis-, Fruchtbarkeits- und Fuchsgottheit in sich vereint. Über ein Drittel aller Schreine in Japan, und das bedeutet immerhin mehr als 30 000, sind bis heute Inari geweiht.

Wann genau der Fuchs zum Gott aufgestiegen ist, lässt sich nicht genau rekonstruieren. Plötzlich war er als Symboltier da, in Japan etwa seit dem 5. Jahrhundert v. Chr. dokumentiert, vielleicht aus Indien eingewandert, vielleicht auf chinesischen Mythen gründend. Die ältesten mythologischen Fuchsspuren auf dem Globus führen nach Ägypten und sind über sechstausend Jahre alt. Hier soll die Sonne, wenn sie gesunken ist, in einer Barke von Schakalfüchsen unterirdisch von West nach Ost gezogen werden, um dort anderntags wieder aufzugehen. Im Aztekenglauben werden die Verstorbenen von einem roten Fuchshund über den Todesfluss in die Unterwelt geführt, und im Hinduismus kennt man diverse Schakal- und Fuchsgötter, die mit der Todes- und Erneuerungsgöttin Kali verbunden sind. Allen alten Fuchsmythen gemeinsam ist die Verbindung mit Tod und Fruchtbarkeit, mit Nacht und Sonne, mit dem Auferstehen und dem Verwandeln. Und allen gemeinsam ist das Schillern zwischen Gut und Böse, Schadenstifter und Glücksbote, das in jedem Land eine fast zufällige Tendenz anzunehmen scheint. Im Land der aufgehenden Sonne hat der Fuchs Glück gehabt. Über die Jahrhunderte wurde ihm ein recht gutes Image verpasst, wobei sich die Dominanz dieses Tieres in

Die Macht der Kitsune steigt mit der Anzahl ihrer Schwänze – diese hier hat das Maximum von neun erreicht.

Japan vielleicht auch dadurch erklärt, dass es sowohl im Schatten als auch im Licht zuhause ist – und immer war. In der japanischen Mythologie und Volksreligion taucht der Fuchs seinem Wesen entsprechend von Beginn an in wechselnder Gestalt auf. Mal wird die Gottheit Inari selbst als Fuchs dargestellt, mal als alter Mann, der von Füchsen begleitet ist, mal als junge Frau, die auf einem Fuchs reitet, oder als androgyner Bodhisattva, also ein buddhistisches Erleuchtungswesen, das aber ebenfalls auf einem Fuchs sitzt. Die Gestalt kann männlich oder weiblich oder beides sein, und Inari wird sowohl in buddhistischen als auch shintoistischen Tempelanlagen verehrt ...

Das Changieren zwischen Nahrungsgott und Fruchtbarkeitszauber ist noch leicht zu erklären, das winterliche Liebesspiel der Füchse im Reisfeld wird diese Assoziation begünstigt haben – auch in der westlichen Welt haben sich Fruchtbarkeitsrituale rund um den Fuchs bis heute erhalten. In Japan scheint der Fuchs zunächst auch eine Art Feldgottheit gewesen zu sein, die sich dann mit Inari als Reisgott verbunden hat.

Der japanische Fuchsgeisterglaube ist eine fluide Angelegenheit, in jeder Region etwas anders und mit nur wenigen generellen Charakteristika versehen. Aber immer gilt: Jeder Fuchs ist in jedem Falle mit übernatürlichen Kräften begabt. Der für den Fuchs normalerweise gebrauchte Ausdruck *Kitsune* bedeutet per se ›Geisterfuchs‹ und hat eine schöne literarisch-etymologische Herleitung. In der ältesten handschriftlich überlieferten Fuchsgeistergeschichte, die aus dem 6. Jahrhundert stammt, lässt sich ein junger Mann mit einer bildschönen Frau namens Kuzunoha ein, die er in den Feldern trifft. Sie heiraten, es wird ein Kind geboren, doch von da an wird die Frau permanent von Hunden attackiert. Eines Tages flüchtet sie vor einem Hund und verwandelt sich versehentlich in ihre ursprüngliche Gestalt – eine Füchsin. Ihr Mann ist überrumpelt, möchte aber, dass seine Ehefrau bei ihm bleibt, und spricht die Worte: »Komm (*ki*) du wie immer (*tsune*) mit mir schlafen.« Vielleicht spricht er auch einfach »Komm schlafen (*kitsu ne*)«. Doppelt hält besser: Fuchsfrauen und auch ihre Kinder wurden seitdem *Kitsune* genannt. Der Fuchs ist übrigens das einzige Tier in der japanischen Mythologie, mit dem ein Mensch – im Übrigen immer schöne und schlaue – Nachkommen zeugen kann.

Die Gegenfigur zur liebenden Fuchsmutter Kuzunoha tritt etwas später in Gestalt der Füchsinnenkurtisane Tamamo no Mae (»Hofdame Juwelenseegras«) auf. Diese Fama der *Femme fatale* stammt aus der Heian-Zeit (794–1185). Sie beginnt bei einem kinderlosen Ehepaar, das ein Waisenmädchen aufzieht. Die kluge Schönheit wird Hofdame und belegt den Kaiser mit einem Liebeszauber, oder einfacher gesagt: Sie schwächt ihn bei Nacht durch ihre energetische Libido. Durch eine List enttarnt man sie als neunschwänzige Füchsin, sie muss fliehen, wird schließlich erlegt und verwandelt sich in einen todbringenden Stein, dessen Fluch erst nach zwei Jahrhunderten gebannt werden kann. Wobei tatsächlich heute noch eine dieser Erzählung zugeschriebene landschaftliche Problematik existiert: Rund um jenen Stein in der nordjapanischen Nasuno-Ebene, in den sich die Füchsin verwandelt haben soll, strömen starke Schwefeldämpfe aus, die kleinere Tiere töten und Menschen in Mitleidenschaft ziehen können. Sein schädliches Werk verrichtet der Dämon immer indirekt – sei es durch den Umweg über den Stein, den er dampfen lassen kann, das Feuer, das er

Frau und Fuchs – im Zweifel eins. Farbholzschnitt von Taiso Yoshitoshi aus dem Jahr 1886.

legen kann, über den Fluch, den er aussprechen kann, oder einen ausgeheckten Trick. Eine einzige und nicht verwunderliche Ausnahme der direkten körperlichen Attacke ist sexueller Natur: Ein Fuchsgeist, fast immer weiblich, kann einen nahestehenden Menschen verführen und vergewaltigen. Und dies in jahrelanger Koabhängigkeit, sprich, einer Ehe.

Vor allem, dass er Gott und Dämon zugleich sein kann, verwirrt einen westlichen Kopf. Als Lafcadio Hearn in seiner Jinrikisha die Gegend um Yokohama erkundet, sind Fälle von Fuchsbesessenheit in Japan noch tägliches Geschäft von Exorzisten und Medizinern. Hearn beschreibt, wie die Besessenen nackt durch die Straße rennen und füchsisch jaulen. Fuchsbesessene sprechen nicht selten ihnen vorher unbekannte Sprachen und vor allem essen sie immense Mengen an Dingen, die auch der Fuchs mag: Tofu, Innereien und Bohnenmus. An die Tofu-Reis-Affinität der Fuchsgötter erinnert bis heute ein Gericht auf der Karte japanischer Restaurants: Wer den *Kitsune* kulinarisch besonders nah sein will, bestellt die mit Reis gefüllten, frittierten Tofutaschen, die nicht zufällig Inari-Sushi heißen.

Hat nun die Frau einen Fuchs? Oder hat der Fuchs die Frau? Zumindest die Dämonenaustreibung verweist stark in den Bereich der Weiblichkeit: *Kitsune-ochi* nennt man bei einem Fuchsexorzismus den Moment der Trennung eines Fuchsgeistes vom Körper der besessenen Person. *Kitsune-ochi* bezeichnet im Japanischen aber noch einen anderen und (meistens) etwas profaneren Moment: die leibliche Trennung einer Prostituierten und ihres Freiers nach dem Akt. In jedem Bordell – so die Ethnologin Karen Ann Smyers – steht ein Inari-Schrein.

Und auch der Name für eine Geisha oder Prostituierte lautet seit jeher *Kitsune*, also Fuchsgeist.

Die Verquickung von Fuchs und Frau und alle sich darum rankenden Mären, die von Japan nach Europa gelangen, interessieren auch in den Ländern der untergehenden Sonne brennend. Es sind nicht nur die Mediziner, die sich in der Bugwelle des Hysteriediskurses mit der Fuchsbesessenheit auseinandersetzen, auch die Literatur macht sich ihre Notizen. Die japanischen Fuchsgeister tauchen just zu einer Zeit auf, in der die literarische Fantastik Hochkonjunktur hat. Während etwa der esoterische Dichter Gustav Meyrink Lafcadio Hearns Geistergeschichten übersetzt, gibt der Religionsphilosoph Martin Buber chinesische Geister- und Liebesgeschichten heraus. Das seltsamste Zeugnis einer europäischen Anverwandlung der weiblichen Fuchsbesessenheit aber erscheint 1922. David Garnetts Roman *Dame zu Fuchs* erzählt eine Geschichte aus der britischen Upperclass, die mit einem Waldspaziergang im Jahr 1880 beginnt. Am Rande einer Treibjagd passiert das Unerklärliche: »Wo eben noch seine Frau gewesen war, stand, mit leuchtend rotem Fell, ein kleiner Fuchs.« Kafka meets *Kitsune*, die Lady ist zum Fuchs geworden, der Gatte nimmt's mit britischer Coolness. Auch wenn sie nun eine Fähe ist, ist sie doch seine Frau – und genau wie in der japanischen *Kitsune*-Legende will er, dass sie weiter mit ihm zusammenlebt. Es ist der Beginn einer rasanten Geschichte, in der die Frau mehr und mehr zum Tier wird, Zimmer verwüstet, Vögel reißt, in den Wald auszubrechen versucht und sich vor den permanent anschlagenden Hunden ebenso in Acht nehmen muss wie vor den Blicken der Dienerschaft. Zweimal pro Woche lässt sich der

Ehemann besänftigende Trauben aus London schicken, abendlich probiert er es mit dem Vorlesen aus Samuel Richardsons *Clarissa*-Roman (der dort bekanntlich den Prototyp des devoten weiblichen Opfers zur Aufführung brachte!). Doch vergebens: Am Ende folgt die Füchsin dem Ruf der Wildnis, lässt sich mit einem Rüden ein, wirft ein paar Junge und wird schließlich Opfer einer Treibjagd.

David Garnetts Roman ist so spleenig und durchtrieben, so spottend wie der Autor selbst. Er war bei der Geburt seiner Frau dabei (der Tochter eines Freundes, die er dann später ehelichte), lebte bisexuell und polyamourös, wirkte als Mitglied der berüchtigten Bloomsbury-Group und übte mit *Dame zu Fuchs* flammende Kritik an sozialen und sexuellen Konventionen. Die Entdeckung des eigenen Begehrens, das sich in der Fuchswerdung der Frau ausdrückt, ihre sukzessive Verwilderung und die scheiternden Versuche des Ehemannes, sie weiterhin zu domestizieren … all dies verdichtet Garnett in einem Moment, in dem der Frau endlich *a room for her own* zugestanden wird. Hochgradig ironisch, zumal das Fuchsphantasma als Sinnbild für die erwachende und nicht mehr zu zähmende Libido für jeden damaligen Leser zu entschlüsseln war.

Mein literarischer Reiseführer Lafcadio Hearn lässt seine Fuchsberichterstattung mit einem eigentümlich untröstlichen Gedanken enden. Seine aus Japan nach Europa gesandten Erinnerungen tragen allesamt kleine virtuelle Fuchsbriefmarken, doch im Gedächtnis geblieben sind ihm vor allem die vielen abgebrochenen Nasen der Statuetten. Von tausend Füchsen, so berichtet er, haben neunhundert abgebrochene Schnauzen.

Regnet es, während die Sonne scheint, ist das im japanischen Glauben das Anzeichen dafür, dass eine Fuchshochzeit im Gange ist. Hier eine Darstellung von Adachi Ginko, 1884/85.

Man könne die Hauptstraße damit pflastern. Wer tut so etwas? *Kodomo*, lautet die achselzuckend vorgetragene Antwort eines Autochthonen, Kinder tun so etwas. Und die kulturpessimistische Lesart des Autors: In einer Welt, in der die Kinder in der Schule von Darwins Naturtheorie lernen, ist bald kein Platz mehr für Geisterfüchse. Der wahre Exorzist jeglicher Fuchsbesessenheit sei das Kind.

Man mag Lafcadio Hearn, der in Japan als Anhänger der Naturlehren Herbert Spencers anlandete und dort vom Evolutionstheoretiker zum Buddhisten und überzeugten Vulpinisten wurde, wünschen, dass er sich, bestens re-inkarniert als Fuchs, noch immer in seiner Wahlheimat aufhält. Und dort etwa um den Schrein Fushimi Inari-Taisha in Kyoto herumstreicht. Tausende von hölzernen, stilisierten Fuchsbildern hängen hier dicht an dicht, mit Wünschen und Zeichnungen versehen, die in regelmäßigen Abständen ihrem Wesen als Opfergaben gemäß in Rauch aufgehen. Oder um den Takayama-Inari-Schrein in der Präfektur Aomori, wo einem nicht nur Hunderte kleiner Devotionalienfüchse in niedlichem Pokémon-Look begegnen, sondern wo sich auch eine letzte Ruhestätte für bröckelige und ausgediente Fuchsstatuen befindet. Die Präfektur Miyagi hat hingegen ein *Fox Village*, einen Streichelzoo, zu bieten, in dem allerdings vor dem Streicheln gewarnt wird.

Japan ist weiterhin Fuchsland. Nicht zuletzt die Manga- und Animekultur hat dem Tier eine zeitgemäße Erscheinungsform verpasst, Handyanhänger, Fuchsmasken, ganze »Fuchshochzeiten« werden in entsprechender Camouflage inszeniert. Die Hardware hat sich verändert, die *Kodomo* haben nicht exorziert, sondern erneuert; der Fuchs hat sich nicht davongestohlen, er hat sich seinem Wesen entsprechend angepasst. Und die Füchse der Japaner: Sie bekommen auf der ganzen Welt nach wie vor ihre fantastischen Jungen.

Rote Lumpen

Die kleine zerknitterte Socke. Nur noch eine. Wie mag die andere wohl geschmeckt haben? Die Wolle auf der Zunge, und ob sie wohl ein bisschen salzig war, das hat mich als Fünfjährige über die Maßen beschäftigt. Die Socke war das Einzige, das in der Bildergeschichte von Janosch von der Maus übrig blieb. Der Fuchs sah darüber ziemlich zufrieden aus mit seinen vom breiten Lächeln zu Strichen gewordenen Augen.

Soweit ich mich erinnere, war dies eine der erlesenen Erkenntnisse meiner Kindheit: Wechselt ein Fuchs ins Schwarz auf Weiß, wird's blutrot.

Konnte es wirklich so etwas wie den ultimativen Feind geben? Janosch, Selma Lagerlöf und Carlo Collodi sagten ja. Der Fuchs in ihren Geschichten ist der hinterlistige Jäger, der seiner Beute immer wieder um ein paar Meter voraus zu sein scheint. Und es sind die Kleinen und die Hölzernen, die Schwachen und die Kinder, die in den Geschichten den schlauen Fuchs dann schlussendlich doch überlisten. An ihm müssen sie ihre Heldenprüfung bestehen: Aus dem Buch über den Wildgansfreund Nils Holgersson, das 1906/07 erscheint und von Selma Lagerlöf ursprünglich als pädagogische Landeskunde verfasst wurde, geht klar hervor: Schaffst du den Fuchs, schaffst du alles andere. Überhaupt ist die grade erst im 18. Jahrhundert aufgekommene Kinderliteratur bis in die Moderne eindeutig in ihrem Programm des füchsischen Unholds, der als scharfzahniges und -züngiges Tierwesen den Protagonisten in den Weg gestellt wird. »Wir arbeiten einzig für das allgemeine Wohl, wir wollen nur andere reich und glücklich machen«, sagt der hinterlistige Fuchs in Collodis *Pinocchio* von 1881 und schafft es als fiese Figur noch 1905 in der deutschen Adaption von Otto Julius Bierbaum (*Zäpfel Kern*). Auch in der russischen Variante von 1936 (*Das goldene Schlüsselchen* von Alexei Nikolajewitsch Tolstoi) spielt die gemeine Füchsin dem Holzknaben Burattino übel mit.

Dem Fuchs als literarischer Institution reicht so schnell kein anderes Tier das Wasser. Schon in den ersten Erziehungsbüchern, die keine sind, sondern mündlich tradierte Fabeln, ist er der Protagonist. Die Fabeln des Griechen Aesop wurden seit ihrem Entstehen im 6. Jahrhundert v. Chr. in Schulunterricht und Rhetorik benutzt, und hier trifft sich Fuchs mit Rabe, Löwe, Wolf, Hahn, Katze, Bock, Adler, Esel, Affe, Storch, Wildschwein, Maus. Dass der Fuchs als Protagonist überpräsent ist, mag seiner Listigkeit zuzuschreiben zu sein, sowohl der geglückten als auch der gescheiterten. Er ist es, der sein Gegenüber vorführt, indem er dem Raben den Käse abspenstig macht, die Ziege in den Brunnen schickt, dem Löwen nicht zur Nahrung wird. Aber er wird auch in seiner manchmal doch nicht hinreichenden Schlauheit bloßgestellt, wenn er etwa die Katze erst verhöhnt, dass sie nur das Springen beherrsche und keine anderen Künste, und sich schließlich von Hunden zerreißen lassen muss (während die Katze auf den Baum flieht). So oder so bietet die füchsische Schlauheit eine gute Grundlage für die literarische Wirkung von Erheitern und Belehren, *prodesse et delectare*.

Aesops fabelhafte Erfindung des Fuchses blieb und kam wieder, eloquenter, mit einigen Volten angereichert, als die didaktische Poesie in der Mitte des 18. Jahrhunderts ihren großen von der Aufklärung befeuerten Aufschwung nahm. Zwischenzeitlich hatte sich schon Leonardo da Vinci um 1500 des Fuchses angenommen und in seiner Fabel von Fuchs und Elster die schon damals in den Nachschlagewerken verbürgte Masche des Totstellens und dann Zuschnappens als Beispiel der fiesen Finte erzählt. Und Martin Luther zog zur gleichen Zeit die Fabel von Rabe, Fuchs und Käse heran, um zu warnen: Hüte dich vor Schmeichlern! Angespitzt vom französischen Fabelkünstler Jean de La Fontaine, der gegen Ende des 17. Jahrhunderts wirkte, adelte im deutschen Sprachraum zwischen 1740 und 1770 dann eine Vielzahl von Dichtern, allen voran Friedrich von Hagedorn, Christian Fürchtegott Gellert und Gotthold Ephraim Lessing, die Fabel als hohe Kunstform im Gattungskanon und ließen sie sogar zur meistgelesenen Literaturform der Aufklärung werden. Der schlaue Fuchs mittenmang in der »nutzbringenden« Kunst.

An Eloquenz und Agitation sind die Fabeln von Gotthold Ephraim Lessing kaum zu überbieten – da mündet eine Begegnung von Fuchs und Hirsch im Lehrsatz: »Natur tut allzeit mehr als Demonstration.« Oder sein Fuchs trifft auf eine Schauspielermaske und erkennt den leeren Kopf des Schwätzers: »Dieser Fuchs kannte euch, ihr ewigen Redner, ihr Strafgerichte des unschuldigsten unserer Sinne!« Ein Geschehen von in Stein gemeißelter Moral, nicht die subtilste aller Lehren.

Kann sein, dass eben solche Pose den gebürtigen Wurzener und großen Fuchssympathisanten Magnus Gottfried Lichtwer provoziert hat. Von ihm stammt einer der bemerkenswertesten Fuchsfabelkommentare des 18. Jahrhunderts, dessen bildliche Umsetzung in der Erstausgabe 1777 fast noch eindringlicher ist als der Text. Auf dem Kupferstich sieht man einen naturgetreu wiedergegebenen Fuchs auf einem Waldweg, der seine Nase in ein Buch steckt. Die linke Pfote auf der beschriebenen Seite, auf rechts daneben ist eine Fuchsabbildung zu erkennen.

Den Kontext liefert Lichtwers Fabel, die so beginnt: »Es fand der Fuchs ein Buch im Grase.« Dieses Buch nun ist die »berühmte Vulpiade«, also das Epos vom *Reineke Fuchs*, das zu dem Zeitpunkt grade von Johann Christoph Gottsched aus dem Niederdeutschen übertragen wurde. Eben dieses Fuchsepos findet der Fuchs selbst und schimpft darüber, dass dort seine Missetaten beschrieben stehen, von denen er sich an keine erinnert. »So stehn hier viel' von meinen Thaten,/ Wovon ich keine Sylbe weiß.« Vielleicht habe sein Gedächtniskasten Löcher, oder es lügen die Fantasten, auf jeden Fall sei er entrüstet über das Buch. »Ich war's nicht!«, sprach der Fuchs, und welch eine amüsante und wieder mal fuchstypische Verkehrung: die Selbstreflexion, in der er eigenes Bild und Fremdbild vergleicht. Einmal mehr erzählt die Lichtwer'sche Dichtung von der Schlauheit des Fuchses: dass er die Möglichkeit hat, sogar noch aus der Falle der Fabel zu flüchten. Aesops Wahlspruch tut er alle Ehre: *Respice finem* – Bedenke den Ausgang.

Nicht jeder findet ihn. Der Gast war notwendig verwirrt. »[D]enn künstlich war er gebauet. / Löcher fanden sich hier und Höhlen mit vielerlei Gängen, / Eng und lang und mancherlei Türen zum Öffnen und Schließen.« Geladen zum »ewigen

Der Fuchs liest sich selbst: Illustration zu Magnus Gottfried Lichtwers Fuchs-Fabel 1777.

Tee«, der in Goethes Wohnhaus am Weimarer Frauenplan ausgeschenkt wurde, musste ein aufmerksamer Besucher nach dem Erklimmen der großen Empfangstreppe mit perfektem Schrittmaß sich irgendwann klar darüber werden, wo er gelandet war: in einem Fuchsbau. Das zweigeschossige Vorderhaus, flankiert von einem einstöckigen Hinterhaus und einem Innenhof, verbunden mit verwinkelten Bauten, Wendeltreppen und kleinen Stufen, Tapetentüren und schmalen Durchgängen, macht bis heute den Eindruck eines Malepartus, also eines »schlechten Durchgangs«. Seine Zeitgenossen empfanden Goethes private Gemächer dementsprechend als »mäßig« mit »ungleichen Zimmern«, und windet man sich heute im Strom all der Goethe-Jünger durch seine winkelige Wohnung, kann man diese naserümpfende Feststellung teilen. Man geht verloren, unweigerlich, in diesem Haus mit schöner Fassade und konfusem Dahinter. Der zentrale »Kessel« sind zwei verbundene und repräsentative Empfangs- und Gesellschaftsräume, darum ein Gewirr von Gelassen und Gängen. Genau wie in seiner Nachdichtung der Reineke-Fabel beschrieben, baute sich Johann Wolfgang von Goethe sein 1782 bezogenes und zehn Jahre später erworbenes Stadthaus ab 1792 in einen Fuchsbau um. Er selbst hat sich wahlweise als Fuchs oder später als »alter Merlin in seinem Dachsbau« bezeichnet. Während der durchgängig beheizte Samowar Besucher anzog, konnte Goethe sich in seine kleineren Stuben zurückziehen oder überraschend durch diese oder jene Tür zur Gesellschaft hinzustoßen. Nebenbei sollte immer etwas los sein, ob er dann dran teilnahm oder sich entzog, war Sache der Laune – und für solch ein Innenleben bot der umgebaute Innenraum genau die richtige Entsprechung.

Zwischen »Olymp und Malepartus«, wie die Literaturwissenschaftlerin Christiane Holm so schön schreibt, hatte sich der Dichter am Frauenplan eingerichtet, zum »ewigen« Tee im ewig Zweideutigen.

Als die Umbauten begannen, grub sich Goethe parallel tief in den Fuchsstoff. Von Januar bis April 1793 schrieb er an seinem Versepos *Reineke Fuchs*, 4312 Hexameter auf der Grundlage der 1752 erschienenen Prosafassung von Johann Christoph Gottsched. Doch Goethe war auch vertraut mit den älteren Wurzeln der Erzählung. Vielleicht muss man es sich genau so vorstellen: Der Reineke-Stoff kam aus der Tiefe des Mittelmeerraumes, wobei einzelne Wurzeln, also einzelne Fabeln langsam zu einem Epos zusammenwuchsen. Aesops Fabeln etwa und diverse mündlich überlieferte Erzählungen, ebenso wie die lateinischen Verserzählungen *Ecbasis captivi* (um 1045) und *Ysengrimus* (um 1150) amalgamierten sich zum ersten Mal Ende des 12. Jahrhunderts im Norden Frankreichs zu einem Gesamtwerk mit dem Titel *Le Roman de Renart* (»Fuchsroman«). Etwa von 1170 bis 1250 wurde fortwährend an diesem Konvolut geschrieben, von anonymen Verfassern, die im Schein von Talglichtern in Abteien arbeiteten. Bis heute sind zwanzig Handschriften und Fragmente davon erhalten, die insgesamt je nach Zählung etwa 25000 Verse umfassen.

Schon die altfranzösische Fassung beginnt mit dem Gerichtsprozess am Hofe des Löwenkönigs Noble gegen den Fuchs Renart, dessen Missetaten sukzessive entrollt werden. Die Illustrationen sind drastisch: Ein Fuchs, der eine Wölfin besteigt, der einen Wolf in den Brunnen fallen lässt, der Hühner zerbeißt. Es sind zwei Hauptgegner, die Renart immer wieder attackiert:

Noch im unterwürfigen Bückling verharrend, aber sicher bereits die nächste krumme Tour im Sinn: Reinecke Fuchs vor König Nobel und seinem Hofstaat.

Löwenkönig Noble und den jenem treu ergebenen Wolf Ysegrin. In den Illustrationen wird die Burg des Fuchses, Maupertuis, in ihren winkeligen Einzelheiten dargestellt. Und diese Gegenburg zum Königshof ist das Wahrzeichen Renarts, der als *baron revolté* stets die Macht des Königs Noble herausfordert. Kein Wunder, dass genau das Goethes Bearbeitungstrieb weckte.

Goethe beginnt mit der Bearbeitung des Reineke Fuchs in ebenjenen Januartagen 1793, als in Frankreich der König zur Guillotine geführt wird. Er schreibt die Rohversion innerhalb von vier Monaten in Weimar, erledigt die Feinarbeit aber auf einem Feldbett vor Mainz, wohin er im Mai wieder einmal als Kriegsbeobachter und Gesellschafter beordert wurde. Welche Wege der Fuchs bis dorthin zu ihm genommen hat, ist gut nachzuvollziehen: In Lübeck erschien 1498 die erste (noch plattdeutsche) Übertragung des *Reynke de Vos*, in der die Reihenfolge der Fuchsverbrechen und auch das Personenrepertoire fixiert wurde: König Nobel und Wolf Isegrim, Hündchen Wackerlos, Henning der Hahn, Braun der Bär, Kater Hinze, Dachs Grimbart, Hase Lampe, die Füchsin Ermeline … In der Ständegesellschaft der Tiere findet Goethe seine eigene politische Situation wieder, von der ungerechten Güterteilung bis zur Klassifizierung in höhere Kommandanten (etwa Nobel, Isegrim, Braun) und niedere Vasallen (wie Henning oder Lampe). Goethe erblickt darin eine Satire auf das Ancien Régime ebenso wie auf die Revolution. Wie brisant der Stoff durch die Bearbeitungen im 18. Jahrhundert wird, verdeutlicht seine Zensur: Unter Maria Theresia ist Gottscheds Übersetzung in Österreich verboten, und selbst die Drucklegung der Goethe-Neudichtung wird im Bayern des Vormärz staatlich behindert.

Protect me from what I want; Reineke packt die Tiere eines nach dem anderen bei seinen Lüsten. Dem Bär wird sein Verhältnis zum Honig zu Verhängnis, der Kater muss seiner Mausleidenschaft wegen dran glauben, der Löwenkönig büßt für seine Gier nach Macht und Schatz. Reineke verrät seinen Vater und verführt die Frauen seiner Gegner. In dem Moment, in dem er ins Spiel kommt, wird es tödlich und wild, und es passiert wie immer: Das Blatt wendet sich. Goethes Reineke ist mit erotischem Furor ausgestattet, mit Geistesgegenwart und Flinkheit, doch was ihn vor allem auszeichnet, ist seine Sonderstellung bei Hofe. Reineke isoliert sich selbst und hält sich fern, was die anderen Hoftiere irritiert. Der Baron in seinem undurchschaubaren Malepartus, der seine schlauen Experimente an der Gesellschaft durchführt: Da erstaunt es nicht, dass sich Goethe in seiner eigenen Privatsphäre am Weimarer Frauenplan ebenso inszeniert.

Reinecke, Schalk und Bösewicht,
Wer liebt dich nicht und hasst dich nicht,
Beides in einem Athem?
Heinrich Laube, *Jagdbrevier* (1858)

Wer liebt Dich nicht und hasst Dich nicht. Heinrich Laubes Sprüchlein ins Fuchspoesiealbum trifft den Januskopf des Fuchses und die Reaktionen auf ihn. Und vielleicht ist es, hier im endenden 19. Jahrhundert, nun an der Zeit, über Hass zu reden. Einer der größten Fuchshasser der Geschichte, der ihn so abgrundtief verachtete, dass er eine 272-seitige Monografie über ihn verfasste, war der österreichische Forstwissenschaftler Raoul Ritter von Dombrowski zu Paprosz und Kruszwice, Großvater des stramm rechtsextremen Autors Ernst von Dombrowski. Während der Enkel im nationalsozialistischen Fahrwasser als bildender Künstler und Autor Kriegspropaganda schuf, war Großvater Raoul Autor diverser jagdzoologischer Bücher. Dem *Reh*, dem *Edelwild* und schließlich dem *Fuchs* (1883) ließ er die Ehre einer Monografie zuteilwerden, wobei

Letzterer vom Autor einen heute herrlich zu lesenden und wütenden Fehdehandschuh hingeworfen bekommt. »Der scharfgeschnittene, spitz zulaufende Kopf, der böse, stechende Blick, die ganze Haltung des Körpers und dessen elastische Bewegungen verrathen den schleichenden Dieb und Meuchelmörder.« Seine Färbung, sein Geruch, sein Bellen: All dies ist blumigst beschrieben, aber angetrieben von glühender Abneigung. Bellt der Fuchs, dann als »winselndes, kreischendes Geheul«, als »boshaftes Murren« oder »heiseres Keckern«. Im Fuchsbau fehle die Reinlichkeit, die jeden Dachsbau so auszeichne. Nach der Begattung etwa, die als Orgie der Füchsin mit mehreren Rüden gemutmaßt wird, kommen »plump geformte« Junge zutage, eine mit »colossalem Appetit« gesegnete »Diebssippe«. Dem Fuchs als Langfinger und »nimmersatte[m], grausame[m] Mörder« sind seitenweise eigene Beobachtungen und Anekdoten gewidmet. Wie er auf das liebe, herzige Rehkitzchen aus ist, genau wie auf den freundlichen Frischling. Und nicht nur aus Bedarf, sondern aus Mordlust tötet. Dombrowski fährt in seinem Buch eine ganze Abwehrsuada auf, die man psychologisch kaum deuten möchte, kurz nur: Der Autor scheint schwer gekränkt vom *Vulpes vulpes*.

Überhaupt scheint der Fuchs im 19. Jahrhundert neben seiner pädagogischen und literarischen Verwendung bei Goethe und seinen Zeitgenossen ein in Ungnade gefallenes Tier. Der Leipziger Lyriker und Kinderlieddichter Ernst Anschütz veröffentlicht 1824 sein bis heute intoniertes *Fuchs, Du hast die Gans gestohlen*. Die Hausmärchensammlung der Brüder Grimm erzählt wenig vom Fuchs, er ist zwar als Fabeltier pädagogisch wertvoll, taugt in seiner Mehrdeutigkeit allerdings wenig, wo

So ging der Fuchs Ende des 19. Jahrhunderts in Serie: Stich von Richard Brend'amour nach Carl Friedrich Deiker.

es eindeutig auf Gut und Böse ankommt. So böse der Wolf, so klar die Zuschreibung von Bär, Rabe und Schwan, so neben der Spur ist der Fuchs.

Das Schweigen über den Fuchs im Märchen, das Schimpfen über ihn im Kinderlied und das wortreiche Feuer des Jagdautors: All das trifft sich am Ende des 19. Jahrhunderts in einem Fuchsbild, dem eine Revision bevorsteht. Aus heiterem Himmel.

Er war Pilot, und vielleicht brachte die Erfahrung des Herausgehobenseins aus den erdschweren Kontexten einen neuen Blick auf den Fuchs: Der Luftwaffen- und Zivilflieger Antoine de Saint-Exupéry holte ihn 1943 aus dem Bau, um ihn als Konversationspartner seines kleinen Prinzen zu installieren. Saint-Exupéry, der ein Jahr nach Drucklegung des Prinzen mit seiner Lockheed P-38 Lightning im Mittelmeer vor Marseille verschwand, lässt den Fuchs die zentralen Botschaften sprechen, die den *Kleinen Prinzen* zum einen zur humanistisch-literarischen Kultfigur gemacht haben, das Buch aber gleichzeitig unter Kitschverdacht geraten ließen: Man sieht nur mit dem Herzen gut ... das Wesentliche ist für das Auge verborgen ... du bist zeitlebens für das verantwortlich, was du dir vertraut gemacht hast ... Saint-Exupéry führt den kleinen Fuchs, den der Prinz in der Wüste trifft, als weises Gegenüber ein. Der Wüstenfuchs weiß genau über sich und den Menschen Bescheid: »Ich jage Hühner, die Menschen jagen mich. Alle Hühner gleichen einander, und alle Menschen gleichen einander.« Doch außerdem weiß er um die Mechanismen des Sozialen, wenn er vom Zähmen spricht, das dem Gezähmten den Zähmenden besonders macht.

Diese metaphysische Weisheit des Fuchses, an dem sich wiederum das Denken entzündet, hat den englischen Autor Ted Hughes 1957 zu seinem berühmtesten Gedicht gebracht: *The Thought-Fox.* Hier sitzt der Dichter im mitternächtlichen Wald der Gedanken, und keiner will so recht gelingen. Die leere Seite leuchtet weiß, als ihn die Ahnung einer Präsenz beschleicht. Der Gedankenfuchs schleicht sich an, Schritte setzend wie Buchstaben, nacheinander, und dann, mit einem Satz ist er da.

Till, with a sudden sharp hot stink of fox,
It enters the dark hole of the head.
The window is starless still; the clock ticks,
The page is printed.

Im Ticken der Uhr hallen seine Pfotentritte nach. Das Blatt beschrieben, er selbst ist so gefangen, wie ihn nur ein Autor fangen kann. Wann immer er diesen Text nun lese, sagte Hughes, trete der Fuchs in seinen Kopf ein, und auch wenn er schon längst tot sei, würde sich jedes Mal, wenn jemand das Gedicht lese, ein Fuchs aus der Dunkelheit Eintritt verschaffen.

Der Fuchs als Gegenüber ist verblüffend präsent in der Literatur, auch in der, die man nie mit dem kleinen Prinzen in Verbindung bringen würde. Selbst der rationalste Jäger wird von diesem Tier zum Poeten gemacht: Der Waidmann spricht von den »Lichtern« des Fuchses, nicht von seinen »Augen«. Tatsächlich, es scheint der Blick dieses Tieres, das scheu und forsch zugleich ist, der den Menschen seit jeher irritiert. Denn der Fuchs ist ein Tier, das zurückschaut.

»Er hatte sie angeblickt, es war ihr tief ins Hirn gedrungen. Sie war von ihm verzaubert«, heißt es in D. H. Lawrences Er-

Das Tier, das zurückschaut. Der Blick des Fuchses, eine immer wieder beschriebene Szene in der Literatur.

zählung *Der Fuchs* von 1923, in der ein junger Soldat einer ältlichen Jungfer den Kopf verdreht. Nellie March, wie sie heißt, lauscht nächtlichen Fuchsgesängen und steht eines Abends dem Tier gegenüber. Eine erotische Erweckungsszene folgt, schließlich schieben sich mit dem Auftauchen des Soldaten Fuchsbild und Mannsbild übereinander. Fuchsbegegnungen finden überall in der Belletristik statt. Und sind meist mehr als anthropomorphisierende Sentimentalität. Ted Hughes' Mitternachtsfuchs, der den Kopf des Dichters entert, um ihm Inspiration zu sein und die im ersten Vers beschriebene »blank page« zu füllen, ist buchstäblich zu nehmen. Eine Szene, die dem Schriftsteller Saša Stanišić tatsächlich passiert ist, der mir an einem Maiabend auf einer Kopfsteinpflasterstraßenkreuzung in Halle an der Saale erzählt, wie die Füchsin in seinen Roman *Vor dem Fest* von 2014 gelangte. Sie war einfach da, drei schlaflose uckermärkische Sternennächte lang, und in der dritten Nacht, in der er Auge in Auge der Fähe begegnete, wusste er: Sie will in sein Buch.

Auch der empirische Naturkundler Charles Foster schreibt in seinem Bericht *Der Geschmack von Laub und Erde. Wie ich versuchte, als Tier zu leben* über seinen Fuchsmoment. In einem Londoner Park steht er dem Tier gegenüber, das ihm grade ein Hühnerbein gestohlen hat, und bemerkt plötzlich, dass nicht er der Beobachter ist, sondern im Gegenteil selbst angesehen und beobachtet wird – eine Reziprozität, die ihm klar gemacht hat, worauf er in seinen ganzen Tierwerdungsversuchen abzielt. Den Austausch. Oder eben jenen vagen Zustand, den die Schriftstellerin Doris Lessing einmal so besonders umschrieben hat: »Die ersten Menschen wußten wahrscheinlich nicht, wo ihre Gedanken endeten und das Bewußtsein von Tieren begann.«

In Lutz Seilers lyrischem Hiddensee-Roman *Kruso* von 2015 begegnet die Hauptfigur Ed in seiner ersten Nacht am Strand einem Fuchs in einer Steilküstenhöhle. Zu ihm zieht es ihn, mit ihm spricht er sich aus, ihm vertraut er schließlich kurz vor Ende des Romans ein Manuskript an, das daraufhin – ebenso wie der Fuchs – unter der abbrechenden Küste verschüttgeht. Der Fuchs nun ist schon bei der ersten Begegnung tot und wird in seinen Verfallsstadien deutlich beschrieben. Der Glanz des Fells geht verloren, er schrumpft, die Natur übernimmt, »[a]m Grund seiner kleinen knochigen Augenhöhlen war eine Art Grießbrei, der sich selbst umrührte«. Den Fuchs gab es schon vor dem Roman, berichtet Lutz Seiler. Eines Tages habe seine Tochter ihm aufgeregt einen toten Fuchs gezeigt, den er danach immer wieder aufgesucht hat. Die Schreibmaschine sprang an, eine Art Verwesungstagebuch entstand über Wochen und fand plötzlich Verwendung, als Kruso sich formierte. Der Fuchs, so erzählt der Autor, sei doch die weiseste Figur in seinem Roman. Selbst das Jenseits kenne er aus eigener Anschauung – einen besseren Ratgeber habe er seinem Protagonisten nicht zur Seite stellen können.

In Saša Stanišićs *Vor dem Fest* spielt die Fähe eine zentrale Rolle, indem sie in der besagten Nacht vor dem Fest ihren Jungen ein letztes feines Mahl beschaffen will, bevor sie den Bau verlassen. Auf Huhn und Eier ist sie aus, spürt bei ihrem Diebeszug die Fährten der Menschen auf, und beleuchtet die einzelnen Episoden aus ihrem von sinnlichen Erfahrungen getränkten Blickwinkel. Sie weiß, ob die Menschen nach Angst oder Karotten riechen, und darüber hinaus weiß sie von den Erdzeitaltern, von der Zeit vor dem Menschen, und sie ahnt die Zeit nach ihm. Sie ist – verhaftet im täglichen Kampf um das Überleben – die wissende überhistorische Figur des Romans.

Es nimmt nicht wunder, dass die Literatur den Fuchs als Seelenführer und guten Begleiter ausbuchstabiert, als Tier der Nachtsicht, das nicht blindlings lenkt, sondern überlegt die Seiten füllen lässt. Er kommt von alters her, kommt vom einen und führt ins andere, weiß vom Anderen und führt zum Eigenen. Er selbst schreibt nicht, sondern stiftet zum Schreiben an. Indem er immer wieder Grenzen infrage stellt, jener Blitz ist, der aufleuchtet beim Passieren.

Woher kommt diese Umwertung, die den Fuchs ab dem letzten Drittel des 20. Jahrhunderts erwischt? Vielleicht ein Windstoß der Geschichte. Vielleicht ein Blätterrauschen. Vielleicht aber war es dem Tier einfach zu viel, und es hat der einen oder anderen Autorin kurz in die Augen geblickt. Jedenfalls scheint die im klassischen Kanon von Aesop bis *Reineke Fuchs* angelegte Kippfigur wieder einmal zu funktionieren: Ein verblüffendes Rehabilitationsprogramm ergreift ihn in der Postmoderne – und einer seiner vehementesten Anwälte stammt aus dem Land, in dem der Fuchs auf der gesellschaftlich institutionalisierten Abschussliste steht. 1970 erscheint *Der fantastische Mr. Fox* des Briten Roald Dahl, der Reineke einen lustigen Triumph erleben lässt. Er beklaut die Hühner-, Enten- und Apfelgroßbauern Boggis, Bunce und Bean. Gräbt sich und die seinen aus Gefahrenlagen heraus. Übertölpelt Beagles und Ratten. Und gründet schließlich einen Staat unter der Erde.

Ente gut, alles gut. Der Fuchs sichert die Beute in seinem Bau. Gemälde von Hardy Heywood, 1896.

Nachdem der Fuchsstaat aufgerichtet war, scheint es kein Halten mehr gegeben zu haben (außer bei Janosch, aber der ist Anarchist, wenn er den Fuchs als Lumpen zeichnet, dann weil alle anderen ihn mögen). Würde man heute eine quantitative Untersuchung anstrengen, würde man den Fuchs als das Kinderbuchheldentier par excellence ausmachen. Auch Eule, Kaninchen, Bär und Katze haben ihren Platz. Doch der Fuchs ist das ausgemachte Tier der Stunde. Weißohrig und orangerot grient er aus seinem charakteristischen Dreieck von den Umschlägen: Der Fuchs und die verlorenen Buchstaben, *Der klei-*

ne Fuchs hört einen Mucks, Mein liebster Freund bist Du, kleiner Fuchs, Der kleine Fuchs im Winterwald, Ferdinand Fuchs frisst keine Hühner, Maja und der Zauberfuchs, Die Geschichte vom Fuchs, der den Verstand verlor ... endlos wäre diese Liste an willkürlichen Fuchskinderbuchstichproben fortzusetzen. Und bemerkenswerterweise wird ihm das Lächeln nicht übel genommen: Ein Blick in die derzeitige Kinderliteratur bezeugt, dass der Fuchs in den vergangenen Jahrzehnten eine veritable Umwertung erfahren hat. Der Fuchs ist durchweg freundlich, weise, humanistisch gesinnt, er hat sich oft auf die Hühnerliebe statt die Hühnerdieberei verlegt, isst lieber Kuchen statt Gans, hilft mit seiner Schlauheit durch kindliche Nöte. Dabei ist er unbedingter Sympathieträger; ein Schicksal, das etwa dem Wolf nicht beschieden wurde – der ist und bleibt gemeinhin gefährlich oder mindestens unnahbar.

Woher diese Liebe zum Fuchs? Es mag eine steile These sein, aber er scheint einen ziemlich guten Protagonisten für unsere dekonstruierte und hyperkomplexe Postmoderne abzugeben. Der Fuchs entzieht sich permanent seiner Eindeutigkeit. In all seiner Niedlichkeit oder Schönheit lässt er immer auch ein Gegenteil aufblitzen – wie es der überelegante Mr. Fox in der Verfilmung von Wes Anderson von 2009 stets aus seinem engen Cordanzug heraus betont: »Wir sind wilde Tiere.« Die Nahrung wird fein serviert, dann in einem Akt der maßlosen Unzivilisiertheit gefressen. Mr. Fox' Bestrebungen, ein bürgerliches Leben als Kolumnist einer Zeitung zu führen, enden doch wieder nachts mit Gangster-Sturmhaube vor dem Hühnerstall. Grade die Filmversion befördert die Anerkennung der Ambivalenz als dem derzeitigen Großnarrativ der Kinderliteratur: das Misstrauen gegen eindeutige Zuschreibungen. Und die Aufforderung, sich einem gewissen Ungehorsam hinzugeben, die Aufforderung zu einem zumindest sachten »Tier-Werden«.

Der Fuchs ist kein dialektisches Wesen. An ihm ist kein Gut und Böse auszubuchstabieren, kein Ja und Nein, kein Oben und Unten. Er ist dem Wesen nach ambig und mannigfaltig, nicht zweideutig, sondern mehrwertig. Darum passt er so schlecht in die klare Pädagogik des 18. und 19. Jahrhunderts, und darum passt er so gut zu heutigen pädagogischen Komplexitätsanforderungen. Der Fuchs ist nun mal smart. Mit einer kleinen, immanenten Portion Natur.

In einer ikonischen Szene kurz vor Schluss des Filmes fährt die kleine Fuchsbande auf einem Motorrad an einem Wolf vorbei. Stolz steht er ohne Kleidung, auf allen vieren, unansprechbar auf Englisch, Latein, Französisch auf einem Felsen vor arktischer Szenerie. Das Wilde kommt zurück, Mr. Fox stehen Tränen in den Augen, und er reckt die Faust – die der Wolf ebenso beantwortet. Wir sind wilde Tiere, oder wir werden es wieder sein: *Venceremos!*

Zum Schoßhündchen wird er wohl nie werden, obwohl er uns immer näher rückt. Letztes Bild aus Juergen Tellers Serie: Charlotte Rampling, a Fox, and a Plate №15, *London 2016.*

Reynard in der Stadt

Der Fuchs ist immer mehr als er selbst. Jedes Mal, wenn ich mich ihm nähere, werde ich mir dessen aufs Neue gewahr. Treffe auf Projektionen, Märchen, betrete einen Raum der Zuschreibungen und Übertreibungen. Doch der Überforderung, die sein kulturell-künstliches Allüberallsein begleitet, sekundiert etwas sehr Natürlich-Reales, denn es geht ihm wie uns Menschen: Er wird immer mehr. So viel Fuchs war noch nie, zu keinem Zeitalter. Und genau wie den Menschen treibt es ihn in die Stadt. Womit mein Fuchsgewährsmann Henry David Thoreau vor anderthalb Jahrhunderten noch nicht gerechnet hat: In *Walden* von 1854 beobachtet er die bellenden Füchse in der Nacht, nennt sie die »Nachtwächter der Natur«, die als Bindeglied die Tage miteinander verknüpfen. Rau und dämonisch kommen sie daher, wie verwilderte Waldhunde. »Und wenn wir nach Jahrtausenden rechnen«, schreibt er, »sollte da nicht die Zivilisation bei den Tieren grade so gut wie bei den Menschen Fortschritte machen? Sie schienen mir wie rudimentäre Höhlenmenschen zu sein, die sich noch gegen ihre Feinde verteidigen und ihre Transformation erwarteten. Bisweilen wurde einer von ihnen durch meine Lampe an mein Fenster gelockt, bellte mir einen Fuchsfluch zu und verschwand.«

Nun ist es passiert. Die Flüche haben sich zum Näherungsbellen gewandelt, die Transformation ist in vollem Gange. Im Stadtbereich von London wohnen derzeit schätzungsweise 15 000 Füchse, im englischen Bournemouth bewohnen im Schnitt 23 Füchse einen Quadratkilometer. In Berlin sind es weit weniger, rund 2,75 Füchse, so die Statistik; macht bei knapp 900 Quadratkilometern Grundfläche auch immerhin zweieinhalbtausend Tiere. In München sollen es bis zu viertausend sein.

Seine Anpassungsfähigkeit in Sachen Ernährung schließt die Städte für ihn auf: Mäuse, Regenwürmer, Pizzaränder oder Katzenfutter, der Fuchs findet in jedem Mülleimer und dessen Drumherum Nahrung. Er kann Radau vertragen, kann ungerührt auf den Grünstreifen zwischen vierspurigen Straßen schlafen. Er findet genug Ruhezonen wie Friedhöfe oder Dächer, Freibadgebüsche oder Sportplätze, und im Zweifel schaut er beim Fußball zu, wie der legendäre Fuchs in Berlin-Mitte am Spielfeldrand von Blau Weiß Berolina. Jeder weiß eine Geschichte zu erzählen von Stadtfüchsen, die Ampelphasen beachten (er kann zwar kein Rot sehen, doch er richtet sich nach menschlichem Verhalten) oder neugierig in Busse hineinwittern.

Der Stadtfuchs ist ein unfassbar junges und ein unfassbar rasantes Phänomen, das zuerst in Großbritannien entdeckt wurde. In der Zwischenkriegszeit waren dort aufgrund von niedrigen Bodenpreisen lockere Siedlungen mit Reihenhäusern und kleinen Gärten vorn und hinten entstanden. Perfekte Fuchshabitate, die sich vor allem im Süden und Südosten Englands finden; seit den 1930er Jahren beobachtet man dort die Stadtfuchspopulation. Die verfuchsten Städte wurden noch bis in die 1980er Jahre als britisches Phänomen gesehen, doch mittlerweile sind Füchse in japanischen und amerikanischen, osteuropäischen und australischen Großstädten zuhause.

Mit Rasanz also hat der Fuchs die Urbanität für sich entdeckt, und jede Stadt hat ihre Forschung dazu. Ende der 1990er Jahre startete das »Integrierte Fuchsprojekt« in der Schweiz, bei dem Wildtierforscher begannen, gezielt die Rotfuchspopulation zu evaluieren. Weshalb und wie leben Füchse in der Stadt, und wie soll der Mensch mit dem neuen Nachbarn umgehen? Eine interessante Entdeckung der Züricher Forscher trifft global zu: Stadtfüchse paaren sich nicht mehr mit Landfüchsen. Während die Landfuchsreviere sich durchdringen, die Hochzeiten auf regem Niveau passieren – bleiben die Stadtfüchse unter sich. Füchse im Wald sind viel scheuer als die Füchse im urbanen Kontext, und selbst das Sozialverhalten ist ein anderes. Die Formel dafür ist einfach: Je mehr Nahrung, desto familiärer agiert der Fuchs. Die beobachteten Familienverbünde in Städten zeugen also nicht zuletzt von einem gut gedeckten Tisch. *Urban Paradise?* Es scheint so. Wie der amerikanische Kulturökologe David Abram so treffend bemerkt, gibt es sowieso nur »unterschiedliche Grade von Nicht-Wildnis«. London ist – nicht zuletzt der vielen Wildtiere wegen – mittlerweile die erste anerkannte Nationalpark-Stadt. In Bristol leben bereits bis zu dreißig Füchse auf einem Quadratkilometer, was ein Hinweis darauf sein kann, dass die Fuchsdichte auch in unseren Städten noch deutlich steigen wird.

Er ist also da. Und manche bezeichnen ihn sogar als den geeigneteren Stadtbewohner, der besser laufen, riechen, hören kann, der einfach überlegen ist: »*a better Londoner*«. Das sagt der britische Naturkundler Charles Foster, der in Selbstversuchen monatelang als Fuchs in Londoner Parks gelebt hat. Als

Ein Meister des Changierens, dieses Tier der vielen Gesichter. Drie Vossenkoppen *von Bernard Willem Wierink.*

Fuchs gelebt? Man muss ihn sich als tweedtragenden Menschen vorstellen, als studierten Juristen und Ethiker, Tiermediziner und Präparator, Philosophen und Schriftsteller, der mit seiner Familie wechselweise in Oxford und London und auf dem Lande wohnt. Ein typischer Brite mit viel jugendlicher Erfahrung in Sachen Treibjagd und Fliegenfischen, und der Ahnung, dass das Bewusstsein und die menschlichen Sensoren nur einen Bruchteil dessen wahrnehmen, was die Welt an sinnlichen Eindrücken bereithält. Eben deshalb hat er sich den Fuchs als Guide gesucht, ein Tier, das seinen Jagdsprung am Magnetfeld der Erde ausrichtet und das davon erzählt, dass es immer lohnt, die natürlichen Sinne zu erweitern. Nun denn:

Die meisten Engländer gehen dafür in den Pub. Charles Foster geht zu den Füchsen unter die Rhododendren im Hyde Park. Was hat er herausgefunden, während er sich des Nachts neben zwei äsenden Füchsen ins Vorgartengras fallen ließ und kleine taugefangene Schnaken mit ihnen abfraß? Während er sich mit einem Fuchs um ein Hühnchenbein aus dem Müll stritt?

Zum einen, dass die Füchse die Innenstädte viel »intensiver, effektiver und inniger« bewohnen, als wir Menschen es tun. Durch ihre feinen Sinne kennen sie unsere Orte besser als wir, sagt Foster, »sie besitzen die Stadt, und das macht mir die Stadt wiederum erträglich«. Zum anderen hat ihr Sozialverhalten – zwischen Wildnis und Wohnsiedlung – uns viel zu erzählen. Foster schwärmt von dem, was er »wilde Güte« nennt: diese durch die unvermittelte Beziehung zur Natur entstehende Existenz, die etwa pure Bösartigkeit gegenüber anderen Wesen ausschließt.

Füchse sind für Foster Tiere des Zwielichts, die zwischen den Kategorien stehen. Die kontinuierlich alle von Menschen gezogenen Grenzen überschreiten und somit auf die Künstlichkeit dieser Grenzen hinweisen. Als Autor fasziniere ihn das ungemein.

Damit ist Charles Foster nicht allein, es scheint, als ob mit der füchsischen Übernahme der Stadt eine Übernahme der Kunst einhergeht. In den Künsten ist das Rotlicht an: Malerei und Plastik, Literatur und Fotografie treten über das Tier in Resonanz. Michael Stipes *Golden Foxes* bevölkern eine Einkaufsmeile in Buckhead (Atlanta, Georgia), ein Rudel goldener Fuchsskulpturen scheint den Einkaufenden die Taschen aus den Händen reißen zu wollen. In den zweifarbigen Restaurantinstallationen von Sandy Skoglund springen knallrote oder graue Plastilinfüchse über Teller und Tafel. Der britische Künstler Matt Copson hat den Fuchs gleich zu seinem cartoonartig verfremdeten Protagonisten Reynard gemacht, der in Installationen und Videos zu den Menschen tritt und ihnen als melancholischer Possenreißer den Spiegel hinhält.

Was hat den Fuchs für die Kunst so attraktiv gemacht? Vielleicht sein Status als Ereignis. Die füchsische Ereignishaftigkeit besteht nicht nur darin, dass er sich im Gelände durch sein Geschick in Flucht und Flüchtigkeit auszeichnet, spurlos und plötzlich erscheint und dort einen Fluchtweg findet, wo es keinen gibt, sondern auch darin, dass er in den uns vertrauten Kategorien eine diskontinuierliche Erscheinung ist: Seine bodenlose Schläue und List, die sich nicht an Verträge hält – an nichts, worauf man sich zurückbeziehen kann und nichts, womit sich planen ließe. Seine dramatische Erscheinung, die so viel Fläche für die menschliche Einfühlung bietet und doch eher ein Ausdruck von Affekten und einer fatalen (sprichwörtlich tollwütigen) Begegnung ist. Seine Distanziertheit, die man schwer bestimmen kann: Zum einen aristokratisch, zum anderen prekär. Er versteht sich aufs Deterritoriale, im Gelände und im Symbolischen.

Die Kunst hat eine Empfindung für all das parat, sie gibt uns eine Ahnung davon, für was wir den Fuchs wollen. Für die plötzliche Überschreitung des Selbst. Für die Sensation und für das, was er ist, wenn er einem nachts entgegenkommt: für einen Kontakt mit dem Anderen.

Wir leben in derselben Stadt. »Ist nicht die Zeit gekommen, da sich Mensch und Fuchs gemeinsam niederlegen sollen?«, wundert sich Henry David Thoreau am 31. August 1839 in seinem Tagebuch. Wie die Antwort auf diese Frage mutet ein Kunstwerk aus dem Jahr 2016 an. Der deutsche Künstler Juergen Teller schießt eine Fotoserie im Außenbereich seines Londoner Studios, einer im Zen-Schick begärtnerten und doch etwas verlotterten Großstadtterrasse. Dort begegnen sich zwei Lebewesen. Sie rufen und beäugen sich, schleichen umeinander, legen sich ins Gebüsch, essen vom selben Teller, halten sich schließlich im Arm. Die Frau, Charlotte Rampling, hat den Fuchs auf dem Schoß, gleich einer Katze. Eine schöne Allianz. Ein neues Märchen, das der Mensch sich vom wilden Tier erzählt. Und in dem sich jeder, wie ich, eine eigene Fuchsspur suchen kann. Einen Spiegel des Rätsels, das wir uns selbst sind.

Portraits

Der Fuchs als Künstler der Abwesenheit ist schwer zu fassen. Selbst Biologen tun sich schwer, eine belastbare Taxonomie aufzustellen. Denn der Fuchs ist eine Katzensoftware, die auf einer hündischen DNA läuft: Entgegen der intuitiven Zuschreibung zur Katzenfamilie – mit ähnlich geschmeidigem Körperbau, ähnlichen Jagdbewegungen, schmalen Pupillen und langen Tasthaaren an der Schnauze (Vibrissen) – gehören Füchse ihrer biologischen Klassifizierung nach zur Familie der Hunde. Sie sind mit Robben oder Bären, Ottern und Wölfen weit enger verwandt als mit Luchsen oder Leoparden. Die Evolution der Hundeartigen ist bis heute nicht ganz geklärt, und durch Fossilienfunde und genetische Bestimmungen verschieben sich immer wieder die Eindeutigkeiten, wobei allerdings feststeht, dass die Familie der Canidae aufgeteilt werden kann in die »Echten Hunde« und die »Echten Füchse«. Man sieht es schon an der Chromosomenanzahl: Haushunde haben 78 Paare, Rotfüchse 34 bis 38. Es kann sich also kein Hund mit einem Fuchs zusammentun und Nachwuchs zeugen.

Der Fuchs ist gut zwei Millionen Jahre älter als der *Homo sapiens*. Vor zweieinhalb Millionen Jahren taucht er erstmals in Eurasien auf; wobei Funde darauf hindeuten, dass sich die ersten Echten Füchse sogar schon vor neun Millionen Jahren in Nordamerika entwickelt haben. Die Tribusgruppe der Echten Füchse (Vulpini) hat wiederum drei Entwicklungszweige genommen: den der Gattung *Vulpes* (mit insgesamt zwölf Arten), den der Graufüchse oder *Urocyones* (mit zwei Arten) und den des *Otocyon* oder Löffelfuchses, der als einsamer Vertreter dieser Gattung existiert. Um die Verwirrung komplett zu machen, gibt es als Fuchs bezeichnete Hundeartige, die keine Echten Füchse sind, etwa den südamerikanischen Kurzohrfuchs oder den ebenso in Südamerika beheimateten Andenfuchs. Vom Flugfuchs (einer Fledermausart) ganz zu schweigen. Mit den folgenden Portraits kommen wir etwas ab vom Waldweg; den Anfang macht zwar der Rotfuchs, der dieses ganze Buch durchstreift, doch dann gelangen wir in Steppe, Wüste, Eis.

Rotfuchs
Vulpes vulpes

Red fox

Renard roux

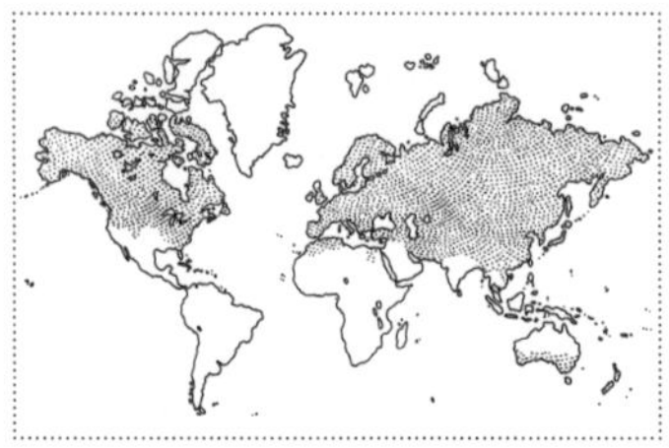

Wenn wir von ›dem‹ Fuchs sprechen, dann von ihm: dem Rotfuchs mit dem weißen Lächeln, zwischen 5 und 7 Kilo schwer, um die 70 Zentimeter lang, dazu einen 30 bis 45 Zentimeter langen Schwanz. Füchse bellen und rufen, winseln und knurren, sie haben ein sehr wiedererkennbares Repertoire an Lauten, die grade zur Paarungszeit im Winter durch die Landschaft hallen.

Der in Mitteleuropa beheimatete Fuchs sieht überall ähnlich aus und hat ganz verschiedene Bezeichnungen: *Renard* in Frankreich, *Raposa* in Portugal, *Refur* in Island, *Räv* in Schweden – das R rollt in fast ganz Europa über ihn hinweg, das F fliegt in *Fuchs*, *Fox*, *Vos*, wird zum weichen W in *Volpe*, *Vulpo*, *Vulpe* und zum L, wenn es Richtung Osten geht mit *Liska*, *Lapsa*, *Lis*. Nur in Spanien wird er scharf gesprochen zum *Zorro*.

All diese Namen helfen nicht, ihn zu zähmen. In den 1950er Jahren begann der Genetiker Dimitri Beljajew auf einer sibirischen Versuchsfarm mit einem bis heute andauernden Fuchsdomestizierungsexperiment. Eines der zweifelhaften Ziele ist es, die Zähmung des Wolfes im Zeitraffer an Füchsen darzustellen. Füchse mit Schlappohren und Blessen, Ringelschwänzen und hoher Serotoninkonzentration im Blut (weshalb sie sich sogar herbeipfeifen lassen) werden dort unter anderem als Haustiere ins Ausland verkauft. Doch alle Berichte von Fuchsbesitzern gleichen sich: Es gibt kein Zauberwort dafür, dass er stubenrein wird. Er wird es nicht.

Fennek (Wüstenfuchs)
Vulpes zerda

Fennec (Desert fox)
Fennec (Renard des sables du Sahara)

Die kleine Wüstenfähe schwitzt zweimal dreieckig in die künstliche Nacht. Die zarten Fenneks gehören zu den Attraktionen des Berliner Zoos, und die Kinder vor der Scheibe des unterirdischen Nachttiergeheges werden immer wieder gefragt, ob sie denn wüssten, weshalb die schön gezeichneten Tiere so große Ohren haben. Nein, nicht, damit sie besser hören können. Sondern um besser zu schwitzen. Über die Ohren und die Pfoten reguliert der Fennek seine Temperatur, er muss so gut wie nie trinken, alle kostbare Flüssigkeit nimmt er mit seiner Nahrung auf: vor allem Insekten, Eidechsen, Wurzelknollen. Seine Ohren sind bis zu 15 Zentimeter lang, er selbst höchstens 40 Zentimeter groß, und er wiegt unter anderthalb Kilo. Er ist der kleinste Fuchs, hat im Gegensatz zu seinen Verwandten runde Pupillen, stark behaarte Pfoten und wird aufgrund dieser Mutationen in *Grzimeks Tierleben* sogar als hochspezialisierter Vertreter einer eigenen Gattung angesehen. Seine Fellzeichnung ist außergewöhnlich: Er hat ein weißes Gesicht mit großen Augenhöhlen, hellen Bäckchen und braunen Streifen von den Augeninnenwinkeln zu den Mundwinkeln. Dabei sieht er immer ein wenig erschrocken aus, vielleicht, weil er weiß, dass sein Leben auf Sand gebaut ist: Nur dort kann er seine Baue anlegen, wo er dann in kleinen Gruppen von höchstens zehn lebt. Bei Gefahr kann er sich blitzschnell vergraben, um später wieder aus dem Boden zu kriechen. Mit dieser Strategie bewohnt er erfolgreich die gesamte Sahara.

Polarfuchs (Eisfuchs)
Vulpes lagopus

Arctic fox

Renard polaire

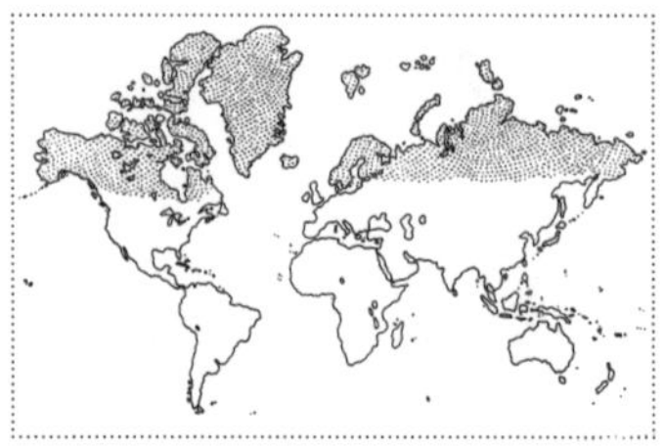

Die Kleine hatte sich auf den Weg gemacht. Lief am 26. März 2018 in Spitzbergen los und erreichte 76 Tage und 3506 Kilometer später Ellesmere Island in Kanada. Mit diesem Tagesschnitt von 46,3 Kilometern hält die einjährige Polarfüchsin den Rekord aller bisher aufgezeichneten Fuchsgeschwindigkeiten. Der Antrieb der Füchsin – Reviereroberung und Nahrungssuche – hat etwa dafür gesorgt, dass Polarfüchse die einzigen einheimischen Säugetiere Islands sind. Die übers gefrorene Polarmeer auf die Inseln eingewanderten Füchse waren dort lange vor den Menschen, die erst ab dem 9. Jahrhundert sich und weitere Säuger nach Island brachten.

Als einziger Wildhund wechselt der Polarfuchs seine Farbe: Im Sommer ist er dunkelbraun, im Winter je nach genetischer Anlage schneeweiß (Weißfuchs) oder grau bis schwarz (Blaufuchs). Das Fell ist das bestisolierende aller Säugetiere, dank ihm können die Polarfüchse bis zu minus 80 Grad aushalten. Sie sind tagaktiv, lebenslang monogam und ziemlich fruchtbar: Bis zu zwölf Junge können in einem Wurf vorkommen. Der Eisfuchs frisst alles, wenn die Eiswüste nichts weiter hergibt, sogar den Kot von Rentieren. Ein hungriger Fuchs, der sich bisher extremsten Bedingungen angepasst hat.

Seit die Erde wärmer wird, dringen in sein Nahrungsgebiet massiv die stärkeren Rotfüchse ein. Die Polarfüchse werden von der UN-Klimakonferenz als eine der am stärksten bedrohten Tierarten eingestuft – kein Wunder, dass sie immer schneller werden müssen.

Schwarzsilberfuchs
Vulpes vulpes

Silver fox

Renard argenté

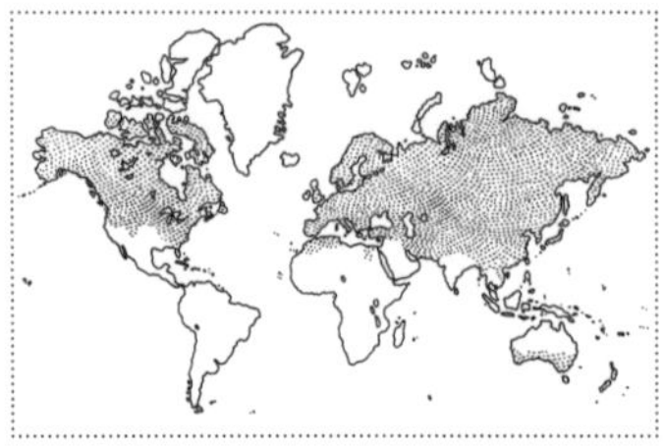

Verdammte Schönheit. Seit jeher sind jene Füchse am begehrtesten, die am wenigsten Rot aufweisen und am schwierigsten zu jagen sind. Der Schwarzsilberfuchs, dessen Unterwolle schokoladenbraun bis schwarz ist und dessen Grannenhaar der modischen Norm gemäß bestenfalls einen grauweißen Verlauf in der Mitte aufweist, ist eigentlich eine Farbfellvariante des Rotfuchses. Von tiefschwarz bis blaugrau, weiß geblesst bis schimmernd silbern kommt er daher, in jener Pracht, die ihm zum Verhängnis geworden ist, ihn zur Ware gemacht und in freier Wildbahn weitestgehend ausgerottet hat. Der Schwarzsilberfuchs ist in der Sprache seiner Jäger ein »Edelfuchs«. »Die ganz schwarzen Fuchsbälge sind die seltensten und kostbaresten«, vermerkt Jacobis *Neues vollständiges und allgemeines Waaren- und Handlungs-Lexicon* von 1798. »Ein einziges Stük von dieser Farbe, welches vorzüglich fein und schön ist, wird in Rußland zuweilen für 3 bis 400 Rubel verkauft und zu Mützen vornehmer Personen verwendet.« Kalifen, Zaren, chinesische Kaiser hüllten sich in das weiche Gold. Seine letzte große Konjunktur in Deutschland hatte das distinktionsmächtige Fell während der NS-Zeit.

In freier Natur ist der Schwarzsilberfuchs kaum mehr zu finden. Mit diesem Fuchs nahm im späten 19. Jahrhundert die Zucht in Farmen in Kanada, Skandinavien und Russland ihren Anfang. In den 1920er Jahren erreichte der Zuchtfuchsboom Deutschland, er hielt über acht Jahrzehnte an. 2005 wurde die letzte deutsche Fuchsfarm geschlossen.

Löffelfuchs
Otocyon megalotis

Bat-eared fox

Renard à oreilles ce chauvesoures

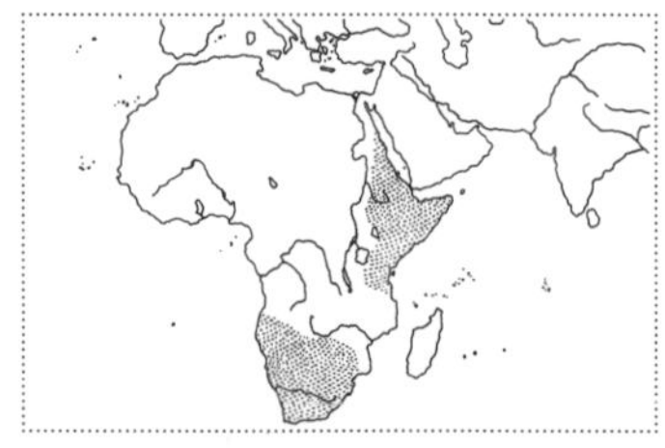

Die Gesichtsmaske eines Waschbären, der Name eines Hundes und die Fressgewohnheiten eines Erdwolfes. Wie verwirrend die taxonomische und auch die intuitive Zuordnung von Füchsen ist, lässt sich am Löffelfuchs bestechend zeigen. Er gehört in die Rotfuchs-Klade der sogenannten Echten Füchse oder Vulpini, trotzdem changiert seine Bezeichnung je nach Publikation zwischen Löffelhund und Löffelfuchs, und wörtlich übersetzt kommt sein Name vom lateinischen *otus* für Ohr und *cyon* für Hund. *Brehms Tierleben* von 1927 führt ihn als Löffelhund, sortiert ihn allerdings bei anderen Fuchsbeschreibungen ein. Es weist auch darauf hin, dass sein Gebiss aus 48 Zähnen besteht und abweichend von allen Raubtieren (auch den Hunden) vier Backenzähne in jedem Kiefer hat. Die spezialisierten Kauwerkzeuge rühren wohl von seiner Hauptnahrung: Erntetermiten, deren Rascheln er mittels seiner großen Ohren aus dem Rauschen der Savanne heraushört und die er mit seinen Backenzähnen zermahlt. Abgesehen von seiner Sperrigkeit in den schmalen Räumen der Klassifikation ist der Löffelfuchs ein unauffälliger Geselle in zwei afrikanischen Savannengegenden. Weder Plage noch bedrohte Art und so unauffällig, dass ein mit Alfred Brehm befreundeter Beobachter vermutlich aus purer Langeweile darauf kam, ihn zu kosten. Indifferent auch dieser Test: »Sein Fleisch, das ganz appetitlich aussieht, erinnert im Geschmacke an das widerlich Fade der Heuschrecken.«

Korsak
Vulpes corsac

Corsac fox

Renard corsac

Was dem Rotfuchs der Dachs, ist dem Korsak das Murmeltier. In dessen Höhlen zieht der auch Steppenfuchs genannte elegante Pelzträger ein, wenn er nicht der ihm eigenen Landstreicherei frönt. Das Umhertreiben steckt ihm im Namen: Dieser ist aus dem Türkischen übers Russische mit kleiner Lautverschiebung von *karsak* zu *korsak* eingewandert, zurückgehend vermutlich auf das turksprachliche *garsa* für eilig oder hastig. Der Zoologe Carl von Linné hat den *Vulpes corsac* erstmals 1768 klassifiziert und dabei festgestellt, was ihn vom Rotfuchs unterscheidet: Nervös, aber dafür sehr langsam ist er unterwegs, seine einzige ingeniöse Fluchtchance besteht im Erklettern von Bäumen. Das kann er – als einer der wenigen in der Fuchsfamilie. Was er nur sehr schlecht kann, ist auf dem Schnee gehen. Er ist »etwas höher gestellt« (Alfred Brehm) als seine Gattungsgenossen und sinkt schneller ein als der Rotfuchs – mit einem Gewichtsdruck von bis zu 80 Gramm pro Quadratzentimeter (der des Rotfuchses liegt etwa bei der Hälfte). Schnee muss er daher meiden auf der Flucht vor seinen ihm gegenüber durchaus kannibalisch eingestellten Rotfuchsverwandten – und auch auf der Flucht vor den Menschen, die ihm an den dichten Winterbalg wollen. Traditionell etwa die Kirgisen, von denen eine historische und äußerst perfide Jagdmethode überliefert ist: Mit einem »Krätzer«, einem an einer Stange befestigten doppelten Korkenzieher, fahren sie in den Murmeltierbau, drehen die Spitzen in das Fell des Korsaks und ziehen ihn an den hellen Haaren hervor.

Insel-Graufuchs
Urocyon littoralis

Island fox

Renard gris insulaire

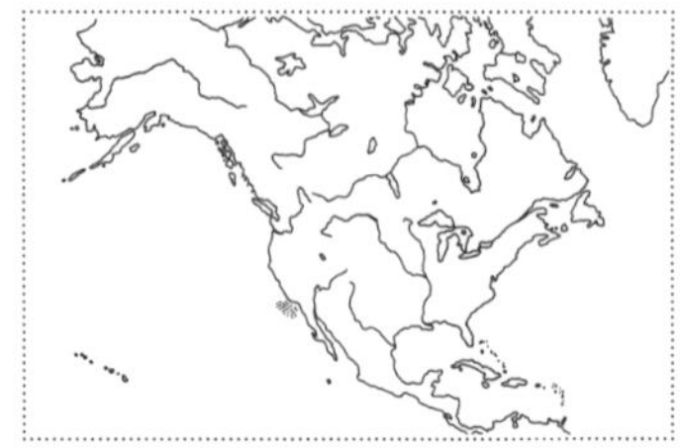

Unwillkürlich hat man die Fahrt Gullivers nach Liliput im Sinn. Inselverzwergung ist ein Phänomen, das bei norwegischen Rentieren genauso greift wie bei urzeitlichen Mammuts: Kommt eine Tierart auf eine Insel mit begrenztem Nahrungsangebot, setzt dieser Mechanismus binnen kürzester Zeit ein. Den Graufuchs, der mit der letzten Eiszeit auf die kalifornischen Kanalinseln gekommen ist, hat dieses evolutionsbiologische Phänomen etwa die Hälfte seiner ursprünglichen Größe gekostet. Ein Winzling von 30 Zentimetern Höhe und 50 Zentimetern Kopf-Rumpf-Länge bewohnt sechs der acht Kanalinseln vor Kalifornien – und hat sich genetisch auf seiner jeweiligen Insel zu einer eigenen Unterart entwickelt (die sich etwa in der Anzahl der Schwanzwirbel unterscheidet). Die Bestandsentwicklung des kleinen Fuchses erzählt von einem Ökosystem, das innerhalb weniger Jahrzehnte vernichtet worden ist. Das Insektizid DDT ließ den Weißkopfseeadler seit den 1960er Jahren verschwinden, der Platz wurde vom Steinadler übernommen – dessen Hauptnahrung kleine Säugetiere sind. Bei einem Westernfilmdreh ausgesetzte Bisons auf der Insel Santa Catalina haben das dortige Habitat zuungunsten des Fuchses verändert. Verwilderte Hauskatzen machen Konkurrenz. Und so weiter und so fort. Kostspielige Maßnahmen (Nachzucht, Jagd, Elektrozäune) sind nun die hastigen Reparaturversuche.

Marderhund (Obstfuchs)

Nyctereutes procyonoides

Raccoon dog

Tanuki

Sieht man ihn kurzbeinig herumwackeln, den wenig beachtlichen Schwanz im kleinen Hin und Her, den dicken Backenbart erdenschwer, dann weiß man intuitiv, dass dieses Tier viel Schlaf braucht. Der Marderhund ist der einzige Canide, der Winterruhe hält. Und auch sonst ist er kein Partylöwe: Er bleibt lebenslang monogam, verbringt die Winterpause fest umfangen mit der Familie und geht nicht jagen, sondern sammeln. Seine Obstleidenschaft hat ihm den entsprechenden Namen eingebracht. Die Leidenschaft der Ukrainer für sein Fell (er wurde dort bis 1950 massenhaft ausgesetzt) sorgte dafür, dass er sich mittlerweile von seinen Heimatländern Sibirien, China und Japan bis nach Europa ausbreiten konnte. Er ist ein nicht gern gesehener Neozoon: Um die 24 000 Tiere wurden in Deutschland 2015 erschossen. In seiner Heimat Japan wäre das nicht passiert. Hier wird sein Fell zwar gerne für Kalligrafiepinsel genutzt – aber berühmt ist er für etwas ganz anderes. Der Marderhund trägt den Namen *Tanuki* und ist ein mythologisches Schwergewicht. Während er in Geschichten der Heian-Zeit (bis ins 12. Jahrhundert) noch magischer Bösewicht ist, gilt er heute als Glückssymbol. Im Gegensatz zum weiblichen *Kitsune*-Fuchs ist der *Tanuki* der japanischen Mythologie fast ausschließlich männlichen Geschlechts, wenig elegant, aber gutmütig und von einer wunderlichen Besonderheit: Er trägt riesengroße *Kintama* vor sich her, die er sogar als Waffe verwenden kann, wenn er sauer wird. *Kintama* ist das japanische Wort für Goldbälle, oder schlicht: Hoden.

Bengalfuchs
Vulpes bengalensis

Indian / Bengale fox

Renard du Bengale

»Die Engländer bringen mit ungeheuren Kosten Hunde, die zur Jagd bestimmt sind, nach Indien«, so weiß Thomas Pennants *Allgemeine Uebersicht der vierfüßigen Thiere* von 1799. Anscheinend hatten die Briten im Zuge ihrer Vereinnahmung des indischen Subkontinents etwas entdeckt, das sie an ihre Heimat und einen dort tradierten Sport erinnerte. Dabei sieht der Bengalfuchs so gar nicht wie der fluffige Rotfuchs im Sherwood Forest aus. Er läuft auf rehartigen Beinen durch seine Heimaten Pakistan, Nepal und Indien, hat recht kurzes Fell, das ein zoologisches Nachschlagewerk aus dem Jahr 1841 als »oben blaß oder aschgrau mit sehr lichtem rostigen Anstriche, unten gelblich« beschreibt. Seine Augen wirken fast mandelförmig, durch das umgebende dunkle Fell wie mit Kajal umrandet. Das Tier, das die Engländer durch das Heimweh nach der Jagd schon im 18. Jahrhundert entdeckt hatten, wurde 1800 als *Vulpes bengalensis* klassifiziert. Seine Nahrung besteht aus fuchstypischen Speisen wie Insekten, Kleinsäugern und Früchten. Von seinen Gattungsverwandten unterscheiden ihn allerdings nicht nur die grazilen hohen Läufe, sondern auch die als besonders spitz und scharf ausgemachten Eckzähne und Nägel. Mit denen macht man wohl nur bei Nahkontakt Bekanntschaft – wie vermutlich massenhaft englische Jagdhunde im 18. Jahrhundert. Kein Wunder, dass Pennants Lexikon vermerkt, wie die nach Indien gebrachten *Foxhounds* durch die Bank kapitulierten: Die Hunde wurden zwar nach Indien gebracht, verfehlen jedoch ihren Zweck: »sie arten aber gleich aus«.

Kapfuchs
Vulpes chama

Capefox

Renard du Cap Afrikaans

Schabrackenschakal, Honigdachs, Kleinfleck-Ginsterkatze ... unter all diesen Kinderbuchnamentieren haust auch der Kapfuchs. Zwischen Südafrika, Botswana und Namibia bis nach Angola hinein schnürt er durch die Dornstrauchsavanne und den Fynbos. Letzteres ist ein Biom, also eine Ökoregion; sie liegt im Südwesten Südafrikas und versprüht aus manchen Blickwinkeln den Charme der Lüneburger Heide – sprich: ganz viel violette Erika blüht dort. In dieser fein verästelten Gebüschlandschaft konkurriert der Kapfuchs um Höhlen mit den Erdmännchen. Ihnen ist er trotz seiner Kleinheit von grade mal 35 Zentimetern Schulterhöhe überlegen, doch schlägt im Zweifel die Herde das Rudel: Gegen zu viele Erdmännchen kommt auch eine Fuchsfamilie nicht an. Auf Afrikaans heißt der Kapfuchs *Silwervos*, was auf seinen silbrig befellten Rücken abhebt. Wie alle Füchse der heißen Regionen hat er recht große Ohren, ist zugleich scheu und ein wenig neugierig und richtet ab und an Schaden in Geflügelhaltungen an. Auch auf Lämmer ist er »verlekkerd«, womit er Zorn und Jagdkunst der Farmer auf sich zieht. Nun, typisch Fuchs, ob in der Lüneburger Heide oder im afrikanischen Habitat.

Literatur-auswahl

Adele Brand: ***The Hidden World of the Fox,*** New York 2019.

Roald Dahl: ***Der fantastische Mr. Fox,*** Reinbek bei Hamburg, New York 2007.

Raoul von Dombrowski: ***Der Fuchs (1883),*** Paderborn 2011.

Lee Alan Dugatkin und Ludmila Trut: ***Füchse zähmen. Domestikation im Zeitraffer,*** übersetzt von Jorunn Wissmann, Berlin 2017.

Charles Foster: ***Der Geschmack von Laub und Erde. Wie ich versuchte, als Tier zu leben,*** aus dem Englischen von Gerlinde Schermer-Rauwolf und Robert A. Weiß, München 2017.

Johann Wolfgang von Goethe: ***Reineke Fuchs (1794),*** Stuttgart 1986.

David Garnett: ***Dame zu Fuchs (1922),*** übersetzt von Maria Hummitzsch, Zürich 2016.

Lafcadio Hearn: ***Glimpses of Unfamiliar Japan (1894),*** London 2016.

Ted Hughes: »The Thought-Fox«, in: Ders.: *The Hawk in the Rain,* London 1957.

Christof Janko und Konstantin Börner: ***Fuchsjagd. Erfolgreich jagen mit Büchse, Flinte und Falle,*** Stuttgart 2018.

Janosch: ***Das Buch der Fuchs-Geschichten,*** Potsdam 2012.

D. H. Lawrence: ***Der Fuchs. Erzählung (1923),*** übersetzt von Martin Beheim-Schwarzbach, Berlin 2004.

David Macdonald: ***Unter Füchsen. Eine Verhaltensstudie,*** übersetzt von Veronika Straass, München 1993.

Klaus Mailahn: ***Der Fuchs in Glaube und Mythos,*** Münster 2006.

Doris Mundus: ***Pelze aus Leipzig – Pelze vom Brühl,*** Markkleeberg 2015.

George Saunders: ***Fuchs 8,*** übersetzt von Frank Heibert, München 2019.

Lutz Seiler: ***Kruso,*** Berlin 2014.

Sjón: ***Schattenfuchs (2003),*** übersetzt von Betty Wahl, Frankfurt a. M. 2007.

Karen Smyers: ***The Fox and the Jewel. Shared and Private Meanings in Contemporary Japanese Inari Worship,*** Hawaii 1998.

Saša Stanišić: ***Vor dem Fest. Roman,*** München 2014.

Henry David Thoreau: ***Tagebuch I,*** übersetzt von Rainer G. Schmidt, Berlin 2016.

Christine Wunnicke: ***Der Fuchs und Dr. Shimamura,*** Berlin 2015.

Hubert Zeiler: ***Fuchs,*** Wien 2016.

Abbildungsverzeichnis

Seite 69 *Porträt der Madame Molé-Reymond*. Marie Louise Élisabeth Vigée-Lebrun, 1786.

Seite 73 *Lagerraum von Lomer & Co in Leipzig*. Aus: Hanns von Zobeltitz: Rauchware (...), Velhagen & Klasings Monatshefte, 1905/1906.

Seite 74 IPA-Plakat von Otto Arpke © Museum Folkwang Essen – ARTOTHEK.

Seite 77 *Silberfuchsfarm, Mitarbeiter mit Fuchs*. Foto von Hermann Kraußе, um 1930.

Seite 81 *Porträt eines Herrn mit Barrett,* Giovanni de Busi.

Seite 84 *Wilhelmina,* F. C. Gundlach, 1964.

Seite 90 *Füchse*. Franz Marc, 1913.

Seite 93 Fuchs-Illustration von Ludwig Hohlwein aus der Zeitschrift *Jugend*.

Seite 96 *Kyubi no kitsune,* Ogata Gekko.

Seite 101 *The cry of the fox,* Taiso Yoshitoshi, 1886.

Seite 103 *Kitsune no yomeiri*. Adachi Ginko, 1884/85.

Seite 109 Kupferstich von J. R. Schellenberg aus: Fabeln von Hagedorn, Gleim und Lichtwer, Winterthur 1777.

Seite 112 Illustration aus: Johann Wolfgang Goethe: Reineke Fuchs.

Seite 116 *Der Fuchs*. Carl Friedrich Deiker.

Seite 119 Illustration aus: William J. Long: Ways of wood folk, Boston 1899.

Seite 123 *Returning To The Foxs Lair,* Hardy Heywood, 1896.

Seite 126 *Charlotte Rampling, a Fox, and a Plate No. 15,* Juergen Teller, London 2016. Courtesy of Christine Koenig Galerie.

Seite 130 *Drie vossenkoppen,* Bernard Willem Wierink.

Seiten 137–155 Illustrationen von Falk Nordmann, Berlin 2019.

Katrin Schumacher, 1974 in Lemgo geboren, ist Literaturwissenschaftlerin und Journalistin. Sie lebte in Bamberg, Antwerpen, Hamburg, ist derzeit in Halle/Saale zu Hause und Redaktionsleiterin bei MDR Kultur.

NATURKUNDEN № 60
Zweite Auflage Berlin 2022

NATURKUNDEN
herausgegeben von Judith Schalansky
erscheinen bei Matthes & Seitz Berlin
ermöglicht durch Jan Szlovak, Hamburg

MSB Matthes & Seitz Berlin Verlagsgesellschaft mbH
Großbeerensstraße 57 A, 10965 Berlin
info@matthes-seitz-berlin.de
info@naturkunden.de

EINBAND UND TYPOGRAFIE Pauline Altmann, Berlin
nach einem Entwurf von Judith Schalansky
TITELILLUSTRATION Pauline Altmann, Berlin
SCHRIFT Ingeborg von Michael Hochleitner/Typejockeys
LITHOGRAFIE Tomas Mrazauskas, Berlin
HERSTELLUNG Hermann Zanier, Berlin
PAPIER 100 g/m² Fly 04 hochweiß, 1,2-faches Volumen
EINBANDMATERIAL Napura® Khepera von
Winter & Company GmbH, Lörrach
DRUCK UND BINDUNG Pustet, Regensburg

ISBN 978-3-95757-855-6

www.naturkunden.de
www.matthes-seitz-berlin.de